우리가 미처 몰랐던 물리학

가볍게 꺼내 읽는

얀 맘브리니 지음 | 김옥진 옮김 | 박기성 감수

북스힐

Newton à la plage.
Les grandes idées de la physique dans un transat

by Yann MAMBRINI

차례

프롤로그

물리학과 법칙

대자연의 섭리는 그저 경이롭다. 하지만 더욱 놀라운 것은 수학이라는 만국 공통의 언어로 그 경이로움을 표현할 수 있다는 점이다. 세상의 이치 속에서 보편적 질서를 찾아내고 공식화한 과학자들의 노력이 없었다면 대자연의 섭리는 영원히 풀리지 않는 비밀로 남아 있을지도 모른다. 고귀한 수학 이론으로 천상계와 지상계의 현상들을 포괄적 시각으로 풀어낸 아이작 뉴턴은 바로 그들 가운데 하나, 어쩌면 최초의 과학자라고 할 수 있다.

지난 몇천 년간 인류는 자연 현상을 이해하기 위해 애써왔고, 선조들은 생존을 위해 물에 뜨고 가라앉는 물체를 구분하며, 발사된 물체의 궤도를 예측해왔다. 비록 그 예측이 늘 정확하지는 않았을지라도 인류는 그렇게 일상생활에서 접하는 현상들을 직관적으로 파악해왔다. 당대 위대한 사상가들 또한 왕성한 지적 호기심으로 우주를 완벽하게 이해하고자 했다. 하지만 대자연의 실체를 막연하게나마 설명할 수 있게 된 데는 뉴턴의 공이 가장 크다.

1687년에서 1704년 사이에 출간된 뉴턴의 주요 저서들은 그의 세계관을 엿볼 수 있게 하는 동시에, 그로부터 200년이 넘는 시간 동안 과학계에서 일어난 모든 논쟁의 발단이 되었다. 고전 물리학의 뼈대를 세워 후대 물리학자들이 현대 과학으로 나아갈 발판을 마련해준 것도 뉴턴이다. 물론 그 과정에서 당대 학자들의 생각에 지대한 영향을 미치던 아리스토텔레스Aristoteles의 위신이 실추되기도 했다. 그러나 뉴턴은 진공 상태에서의 먼 거리 상호작용이라는 개념을 도입했고, 현대 물리학의 필수불가결한 요소인 미적분학의 기초를 만들었으며, 만유인력의 법칙을 통해 세상에 대한 보편적 진리를 찾아냈다. 또한 백색광의 구성 요소와 조석 현상의 발생 원인, 무지개의 생성 원리를 밝혀내고, 행성의 움직임을 수학적으로 풀어낸 최초의 인물이기도 하다. 한때 연금술이라는 일종의 외도를 하기도 했지만 그마저 '다른 원자나 화합물과 결합하는 경향'을 가진 대상을 새로운 시각으로 바라보는 데 기여해 19세기에 등장한 '화학 친화도' 이론의 기틀을 마련했다. 한마디로, 그는 빛과 열, 중력과 천문학을 모두 섭렵한 다방면의 천재였다.

물론 뉴턴 역시 당시 통용되던 지식의 영향을 받았으니, 빛과 운동, 중력에 관한 그의 견해에도 한계는 분명히 있었다. 따라서 20세기 발명품들의 등장으로 뉴턴이 묘사한 자연의 모습은 수정이 불가

피해졌으며 과학자들의 관심은 무한소라는 새로운 영역으로 확장되었다. 그렇게 현대 과학자들은 양자 혁명을 통해 고전 역학이 통하지 않는 눈에 보이지 않을 정도로 작은 원자의 미시 세계를 경험했고, 또 한편에서는 온 우주를 아우르는 무한대 세계까지 그 영역을 넓혀갔다. 그 과정에서 중력에 대한 인류의 생각에 큰 변혁을 가져온 상대성 이론이 등장했고, 그때까지 일반적으로 통용되던 시공간에 대한 개념도 새롭게 정립되었다. 그 후 정립된 우주론에서는 블랙홀을 이색적인 현상으로 간주하고, 그로 인해 정체불명의 암흑물질이 생성되었다고 보았다. 또 직관에 반하는 개념이지만 빅뱅 직후 초기 우주에는 반중력이 존재했음을 예측할 수 있었다. 사실 반중력은 우주의 팽창을 이끄는 중요한 원동력으로서 오늘날의 우리, 더 나아가 인류의 미래를 결정할 중요한 개념이다.

이제 뉴턴의 안내에 따라 오늘날 물리학의 굵직한 화두들을 살펴보자. 에너지부터 만유인력의 법칙까지 그 개념을 이해하고, 빛의 신비를 경험하는 동안 어느새 우리는 우주 끝에 다다를 것이며, 이 모든 단계를 거쳐온 여행자라면 모두 뉴턴의 통찰력에 감탄할 것이다. 그 여정에서 만날 물리학 법칙들은 우리가 새로운 현상들을 맞닥뜨릴 때마다 마치 하나의 생명체처럼 잘 적응해 우주를 가장 완벽하고 정확하게 이해하도록 도와줄 것이다.

1장

에너지의 특성

행성의 운동과 물체의 낙하, 빛의 구성 요소, 조석 현상의 원인 등을 밝혀낸 뉴턴이 과학계의 거목으로 불리는 것에는 이견의 여지가 없을 것이다. 그가 이런 업적을 남길 수 있었던 것은 물리학의 기본 개념인 에너지와 운동량의 밀접한 관계를 파악하고 이를 영리하게 이용했기 때문이다.

전하는 말에 따르면 아이작 뉴턴은 1642년 12월 25일, 울즈소프 지역의 장원 저택이 있는 가족 농장에서 태어난 이래 죽을 때까지 런던과 케임브리지, 고향인 링컨셔주를 벗어난 적이 없다고 한다. 평범한 농부였던 아버지는 문맹으로 살았으나 그보다 높은 사회적 지위를 가진 어머니 가문에서는 케임브리지에서 학업을 마치고 목사가 된 이가 나오기도 했다.

태어나기 몇 달 전 아버지를 여의고 유복자로 태어난 그의 유년

시절은 결코 순탄치 않았다. 세 살 되던 해 어머니가 재혼해 집을 떠나면서 외조모에게 홀로 남겨진 그는 열두 살에 그랜섬에 있는 학교에 들어가면서 유난히 책이 많은 마을 약사 집에서 하숙하기도 했다. 열아홉 살에 케임브리지 트리니티 칼리지에 진학한 후로는 급비생으로 일하며 생활비를 충당하고, 교수들의 특강을 들었다. 그 와중에도 뉴턴은 도서관에 있는 과학 서적을 모두 섭렵하고, 책에 나온 실험을 따라 해보는 등 독학으로 학업을 이어나갔다.

1665년 수학 실력이 정점에 이르렀을 때, 안타깝게도 케임브리지 지역을 강타한 흑사병으로 인해 대학교가 폐쇄되자 고향 울즈소프의 작은 저택에서 1년간 고립되다시피 지냈다. 그 시간 동안 만유인력에 관한 이론이 점점 더 발전했고, 광학 연구에도 서광이 비치기 시작했다. 따라서 그곳에서의 1년은 현대 과학사에서 가장 눈부신 성과를 거둔 시기라 할 수 있다. 당시 스물두 살이던 뉴턴은 『광학Opticks』, 『자연 철학의 수학적 원리Philosophiae naturalis principia mathematica』(일명, 『프린키피아Principia』)와 같은 주요 저서의 근간이 되는 내용을 정리하며 하루하루를 보냈다. 이렇게 광학과 역학에 관한 연구 업적을 통해 뉴턴은 당대 위대한(최고는 아닐지 몰라도) 과학자 대열에 합류했다.

에너지 보존

오늘날에도 우주 연구원과 엔지니어 대부분이 운동과 힘에 관한 뉴턴의 이론을 참고하는 것만 봐도 뉴턴이 당대 물리학적 논제들을 얼마나 현대적 관점으로 접근했는지 알 수 있다. 여기에 언급된 운동과 힘의 개념에 대해서는 추후 다시 다루도록 하고, 이번 장에서는 다소 과소평가되어 있는 에너지와 운동량 보존에 관한 뉴턴 이론의 파급 효과에 대해 중점적으로 다루고자 한다. 여러분은 보존이라고 하면 가장 먼저 무엇이 떠오르는가? 그리고 운동량이란 무엇인가?

물리학적으로는 고립계isolated system(외부 환경과 완벽하게 단절된, 상호 작용이 없는 상태)에서 시공간에 따라 값이 변하지 않으면 물리량이 **보존**된다고 말하는데, 현대의 이론 대부분은 바로 이 **대칭성**symmetry의 원리를 기반으로 한다. 이는 우리 주변에 있는 여러 대상(대칭축을 중심으로 대칭을 이루는 나비나 중심점을 따라 같은 형태가 반복되는 꽃잎)에서도 관찰해온 익숙한 개념으로, 이 또한 물리 법칙의 지배를 받는다. 하나의 계system에서 모든 대칭은 보존량과 밀접한 관계가 있다는 것이 이 원리의 핵심인데, 1910년대에 이르러서야 독일의 여류 수학자 에미 뇌터Emmy Noether가 이것의 가치를 발견한 것으로 알려져 있다.

그러나 이 이론의 시발점이 된 것은 사실 뉴턴이다. 만일 여러분

« 플라톤도 내 친구이고 아리스토텔레스도 내 친구지만, 나의 가장 좋은 친구는 진리다. »

아이작 뉴턴, 『몇 가지 철학적 질문Quaestiones Quaedam Philosophicae』, 1664

이 연구, 관찰하고 있는 대상이 공간의 이동에도 불변한다면, 다시 말해 그 계를 지배하는 법칙이 여기서든 몇 미터 밖에서든 우주 끝에서든 똑같이 적용된다면 **운동량**이 보존되었다고 표현하는데, 이는 물체의 질량에 속도를 곱해서 나타낸다. 만약 이 법칙이 오늘도, 내일도, 시간이 끝나는 날(시간 이동에 해당)까지도 동일하게 적용된다면 **에너지**는 보존되는 것이다.

뉴턴이 살던 시대에는 에너지와 대칭, 운동량의 개념이 명확하지 않아, 서신을 통해 과학자들 간에 격렬한 논쟁이 이어지기도 했다. 하지만 뉴턴은 운동량이 보존된다는 사실에 확신을 갖고 있었다.

독일의 물리학자 겸 철학자인 고트프리트 라이프니츠Gottfried Leibniz는 그것을 살아 있는 힘, 즉 활력이란 뜻의 **비스 비바**vis viva라 명명하고 질량에 속도의 제곱을 곱해(오늘날의 **운동 에너지**는 $mv^2/2$이므로 그 절반이다) 나타냈으며 프랑스의 화학자 앙투안 라부아지에Antoine Lavoisier는 열에서 또 다른 형태의 활력을 찾기도 했다.

여러 번 반복된 측정과 여러 편의 논문 검토, 그리고 치열한 논쟁을 거친 결과, 고립계에서는 운동량처럼 운동 에너지도 보존된다는 결론에 이르렀다.

외부와의 에너지 교환을 통해 다른 형태의 에너지가 유입되면 에너지의 형태가 바뀌면서 미세한 에너지 손실이 발생할 수 있는데, 이는 고립계가 아닌 경우(예를 들어, 열이 손실될 경우)에도 에너지는 많이 손실되지 않는다는 뜻이다. 또한 운동이 유일한 에너지원은 아니며 전자기력이나 핵력, 중력 같은 에너지의 형태(이에 대해서는 추후에 살펴보자)가 존재한다는 의미로 해석될 수도 있다. 어쩌면 모든 물리적 현상은 미묘한 형태 변화에서 기인한다고 말할 수도 있을 것이다.

새로 만들어지는 것도 사라지는 것도 없다 모든 것은 그저 변할 뿐이다

물리학에서 보존 법칙과 견줄 만한 이론으로는 화학에서 질량 보존 법칙(화학 반응 전후에도 물질의 모든 질량은 보존된다는 원칙)을 꼽을 수 있을 것이다.

1772년에 앙투안 라부아지에는 플라스크 속에서 황을 연소시킨 뒤 남은 고체가 이상하게도 연소 전보다 더 무거워졌다는 사실을 발견했다. 그 후로 플라스크 속 공기의 질량이 감소했음을 확인하고, 그것이 연소 시 산소와 황의 결합으로 발생한 현상임을 밝혀냈다.

결과적으로 보면 해당 계의 전체 질량(황과 산소)은 보존된 셈이다.

그로부터 몇 년 지난 1777년, 앙투안 라부아지에는 이 유명한 법칙을 발표한다.

> 하늘 아래 새로이 만들어지는 것은 없다. 예술 작품이나 자연이 하는 일일지라도. 그러므로 어떤 일이 일어나기 전과 후 원물질의 양은 동일하다는 것을 원칙으로 삼을 수 있다.

뉴턴은 운동량 보존 법칙을 방정식으로 만든 최초의 인물 가운데 하나였고, 라이프니츠는 이를 에너지 보존 법칙으로 승화시킨 인물이었다. 훗날 뉴턴은 운동의 원동력이 되는 **힘**force이라는 개념을 도입해 이를 더 설명하려 했다. 이런 생각을 한 것은 뉴턴만이 아니었으나, 그가 이 원리들을 종합해 합리적으로 설명할 수 있는 유일한 사람이었던 것만은 분명해 보인다.

뉴턴의 진자

운동량 보존 법칙을 잘 설명해주는 뉴턴의 진자[1]를 소개한다.
먼저 수평 막대에 6~10개의 쇠구슬을 실로 매단 다음, 이들이 서로 맞닿아 있도록 배치한다. 가장자리에 있는 쇠구슬 한 개를 들어 올렸다가 낙하시키면 운동이 시작되는데, 낙하 충격으로 반대편 가장자리에 있는 쇠구슬이 위로 올라갔다가 제자리로 돌아와

옆에 있는 쇠구슬과 부딪치면, 처음에 들어 올려졌던 쇠구슬이 다시 튕겨나가 마치 시계추처럼 반복해서 움직인다.

이 안에 적용된 물리적 원리는 아주 간단하다. 첫 번째로 들어 올렸다가 낙하시킨 쇠구슬에 전달된 운동량이 장치 속 다른 쇠구슬에 전해지면서 마지막에 놓인 쇠구슬까지 충격이 고스란히 전달된 것이다(이를 에너지 손실이 없는 '탄성' 충돌이라고 한다). 따라서 마지막 쇠구슬은 모든 운동량을 그대로 받아 첫 번째 쇠구슬을 낙하시켰던 그 위치까지 올라가고, 그렇게 올라갔던 쇠구슬은 다시 내려와 반대 방향으로 계속해서 움직인다.

그렇다면 양쪽 끝에 있는 두 개의 쇠구슬을 동시에 들어 올렸다가 놓으면 어떻게 될까? 한쪽 쇠구슬이 두 배로 더 높이 올라갈까, 아니면 두 개의 쇠구슬이 동일한 높이까지 올라갈까? 정답은 '두 개의 구슬이 각자 반대 방향으로 떴다가 내려온다'.

위치 에너지의 역사

뉴턴의 책들을 읽다 보면 물리적 현상들을 매우 기하학적으로 접근했다는 점에 놀라게 된다. 뉴턴은 대수 방정식보다 당시 유행대로(모든 것을 기하학적으로 해석했던 그리스의 수학자 유클리드Euclide의 영향을 받았다) 도형을 주로 사용했다. 현대 물리학자가 뉴턴의 원본 작품들을 쉽게 읽을 수 없는 이유가 바로 여기에 있다. 그렇다고 해석이 전혀 불가능한 것은 아니다. 그의 저서 곳곳에 보이는 방정식과 기호, 여러 개의 직선과 각, 교차점을 이용해서 대수적 언어로 번역하기만 하면 이해할 수 있기 때문이다. 뉴턴과 오랜 시간 의견을 교환(특히 시간과 신학, 물리학에 관한 문제들에서)해온 라이프니츠도 에너지의 개념을 공식화하면서 뉴턴의 견해에 대한 흥미로운 해석을 내놓았다.

'에너지energy'라는 단어는 그리스어 en('안에'라는 뜻)과 ergon('일'이라는 뜻)에서 유래한 것으로, 일에 필요한 어떤 체계를 갖춘 능력을 말한다. 그 종류로는 운동 에너지(물체가 움직임을 통해 얻은 에너지)와 열에너지(예를 들면, 휘발유 차 속에 들어 있는 열기관의 동력이 되는 에너지) 혹은 핵에너지(발전소에서 사용) 등이 있다.

물체의 운동 에너지 값을 현대적 정의대로 구하려면 질량과 속도의 제곱을 곱한 다음 반으로 나눠야 한다. 질량을 g(그램)으로, 속도를 초당 이동 거리인 cm(센티미터)로 나타낸다면 그 값은 erg(에르그) 단위로 표현할 수 있다. 예를 들어, 2g짜리 나뭇잎 한 장이 초당

0.0014J

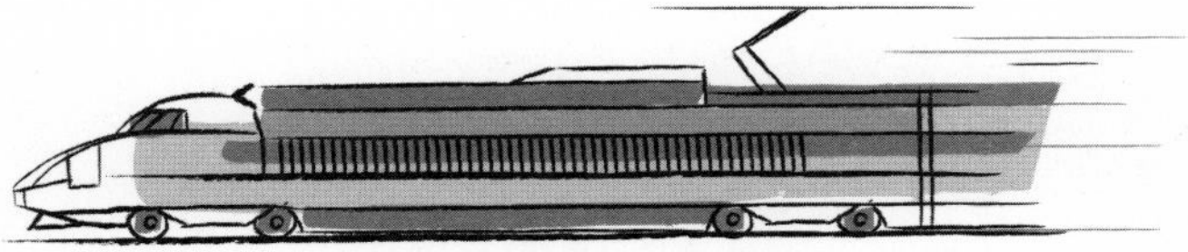

14억 J

시속 3km로 비행하는 4g짜리 모기와 시속 300km로 주행하는 400t(톤)짜리 고속열차의 운동 에너지 비교

1cm 속도로 낙하한다면 1erg의 운동 에너지를 갖는 셈이고, 2g짜리 모기 한 마리가 시간당 3km 속도로 날아간다면 7,000erg의 운동 에너지를 갖는 것이다. 편의상 물리학자들은 J(줄)이라는 단위를 쓰기도 하는데, 이는 1,000만 erg에 상당하는 값이다. 100g짜리 사과가 1m 높이에서 낙하해 1J의 운동 에너지를 갖는다고 생각하면 비교하기 쉬울 것이다. 여기서 사과 대신 물레방아를 돌리는 폭포를 대입하면 변환된 운동 에너지로 방앗간에서 할 수 있는 작업의 양을 계산하는 데 유용하게 쓰일 수 있다.

살아 있는 힘, 즉 에너지가 보존된다는 사실은 뉴턴도 익히 알고 있었다. 하지만 정작 1847년에 에너지 보존 법칙을 발표한 것은 독일의 물리학자 헤르만 폰 헬름홀츠Hermann von Helmholtz였다. 그러니 이 원리가 공식화되는 데 몇백 년이 걸린 셈이다. 헬름홀츠는 어떤 과정을 거치든 고립계에서는 총에너지가 보존된다고 주장했는데,

이는 기존 에너지는 사라지지 않고 특성만 바뀔 뿐이라는 의미였다. 뉴턴이 살던 시대만 해도 열에너지 개념이 없어 에너지의 일부가 이유 없이 소멸한다고 여겨왔으나 에너지가 열의 형태로 흩어질 수 있다는 것을 알고 나서부터는 에너지 손실에 대해 재고하게 되었다. 이렇게 탄생한 에너지 보존 법칙은 오늘날에도 현대 물리학의 중심축과 같은 역할을 하고 있다.

유령 같은 입자

20세기 초만 해도 과학자들은 에너지 보존 법칙에 관해 만장일치로 합의하지 못한 상태였다.
명석한 몇몇 물리학자는 방사성 붕괴 실험의 최종 단계에서 에너지가 손실되었다는 점을 이유로 에너지 보존 법칙을 재논의하고자 했다. 그중 한 사람이었던 닐스 보어Niels Bohr는 양자물리학 법칙과 에너지 보존에 관한 확률까지 동원해 이를 설명하고자 했다. 그러다가 오스트리아 출신 물리학자 볼프강 파울리Wolfgang Pauli가 **중성미자**neutrino라는 새로운 입자의 개념을 제시해 에너지의 일부가 운동 에너지로 변한다는 사실을 주장했다. 그러나 1956년에 미국의 물리학자 클라이드 카원Clyde Cowan과 프레더릭 레이네스Frederick Reynes가 이 유령 같은 입자의 존재를 실험으로 입증하기 전까지는 그저 엉뚱한 아이디어로 치부되었다.

이쯤 되면 이렇게 질문하는 사람이 있을지도 모르겠다. 사과는 다른 힘이 없어도 낙하하며 속도를 얻는데, 이때 운동 에너지는 어디에서 오는 것인가? 또 땅에 닿은 사과가 정지하면 그 에너지는 대체 어디로 가는 것인가? 제임스 프레스콧 줄James Prescott Joule(자신의 이름을 따서 일과 에너지의 단위를 만든 물리학자)과 벤저민 톰프슨Benjamin Thompson, 헬름홀츠 같은 학자들도 그 해답을 찾기 위해 몇 년 동안 연구에 매진했으나 그 과정이 순탄치 않았다.

먼저 **위치 에너지**potential energy의 개념을 짚고 넘어가자. 명칭에서 볼 수 있듯, 어떤 물체에 저장되어 있는 에너지가 언제든 다른 형태의 에너지(예를 들면, 운동 에너지)로도 바뀔 수 있다는 것을 의미한다. 사과를 잡아 위로 들어 올리는 이 단순한 행동만으로도 에너지는 이동하며(물건을 들어 올릴 때 내 근육에서 빠져나간 에너지는 아침에 먹은 음식을 소화시켜 얻은 화학적 에너지다), 사과를 더 높이 들수록 위치 에너지는 더 커진다. 승강기나 계단을 이용해 건물 지붕까지 사과를 들고 올라갈 때 사과 속에서는 에너지의 전환이 일어날 것이다. 그리고 거기서 사과를 떨어뜨린다면 이 위치 에너지가 운동 에너지로 바뀌면서 사과에 속도가 붙을 것이다. 100g짜리 사과는 낙하 후 1초가 경과하면 약 5J의 운동 에너지를, 2초가 경과하면 20J의 운동 에너지를 얻게 된다. 45m 높이에서 떨어뜨린 사과는 45J의 운동 에너지를 가진 채 땅에 떨어지는데, 물론 큰 힘은 아니다.

위치 에너지의 여러 얼굴

물리학에서 매우 설득력 있는 개념 가운데 하나인 위치 에너지는 그 명칭이 의미하듯 그 안에 저장된 '잠재적' 에너지가 아직 발산되지 않은 것을 뜻한다. 예를 들어, 나무에 달린 사과는 무게만큼 위치 에너지를 가지지만 낙하할 때는 그것이 운동 에너지로 전환된다. 압축되거나 늘어난 용수철도 탄성 위치 에너지를 가지지만, 이 용수철을 놓는 순간 에너지는 발산된다. 원자의 경우에는 원자력 발전소에서 핵융합이 일어날 때 원자(특히 원자핵)의 위치 에너지가 핵에너지로 변환된다.

사과의 새로운 용도, 차 끓이기

사과가 떨어질 때 속도(사과의 운동 에너지)는 증가하고, 높이(사과의 위치 에너지)는 감소한다. 다시 말해, 물체가 낙하하는 동안에도 에너지의 합은 보존된다.

그렇다면 사과가 지면에 닿을 때는 어떨까? 속도가 0(운동 에너지가 사라진 상태)이 되고 높이가 0(위치 에너지가 사라진 상태)이 되면 에너지 보존 법칙은 성립하지 않는 것일까?

뉴턴이나 라이프니츠 같은 뛰어난 지성의 소유자들조차 이러한 의구심으로 인해 에너지(측정이 가능한데도 불구하고)에 대한 명확한 답을 찾지 못한 채 몇 년간 이렇다 할 연구 성과를 내지 못하고 있었다. 하지만 이들이 실험할 때도 사과의 운동 에너지는 땅과의 충돌로 인해 흩어진 것뿐이기 때문에 사과가 지면에 닿았을 때도 에너지 보존 법칙은 성립하고 있었다. 여기에 등장하는 새로운 메커니즘을 이해하려면 미국의 물리학자 벤저민 톰프슨을 만나러 잠시 시간 여행을 떠나야 한다.

그의 인생은 실화를 바탕으로 한 여느 할리우드 영화나 모험 소설 못지않게 파란만장했다. 열아홉 살 때 서른세 살의 부유한 과부와 결혼한 그는 미국 독립 전쟁 당시에는 영국을 지지하는 충성파의 편에 서는 바람에 1785년에 아내와 자식을 버리고 유럽으로 도피해야 했다.

뮌헨에서 무기고를 관리하던 톰프슨은 구리로 만든 대포에 구멍을 뚫을 때 엄청난 열이 발생한다는 사실을 발견했다. 그것은 천공기가 고속으로 돌아가며 금속에 마찰을 일으켜서 생기는 발열 현상이었다(추울 때 손바닥을 세게 비벼 열이 나는 것과 비슷한 원리다). 톰프슨은 물통에서 동일한 실험을 진행하며 온도 상승 폭을 측정해 이 현상을 정량화하고자 했다. 8ℓ(리터)짜리 물통에 구리 원기둥을 담근 뒤 그것에 구멍을 냈는데, 2시간 동안 실험을 지속했더니 나중에는 물이 끓기 시작했다. 천공기를 돌린 운동 에너지가 열로 변환된 것이었다. 이후 톰프슨은 1798년에 작성한 보고서에 이렇게 적었다.

그렇게 많은 양의 찬물이 불꽃 하나 없이 데워져 끓기까지 하는 모습을 본 실험 참관자들은 그야말로 아연실색했다.

다시 사과 이야기로 돌아오면, 이제 해결책이 눈에 보인다. 천공기에서 전해진 에너지가 주변에 있던 물을 데운 것처럼, 사과에 저장된 운동 에너지도 땅에 닿으면서 열[2]로 변환된 것이다. 사과가 나무에 달려 있을 때 저장된 위치 에너지가 땅에 닿으면서 열로 변환된 것일 뿐 그 과정에서 에너지는 보존된 셈이다. 물론 이것은 이상적인 상황을 상정한 설명이고 현실에서는 사과가 추락할 때 주변 공기에 의한 마찰로 에너지가 일부 소멸된다.

그렇다면 여기서 말하는 열이란 정확히 어느 정도일까? 감이 잡히지 않는 분들을 위해 예를 들어보자. 차 한 잔 끓이는 데는(물의 온도를 20℃에서 100℃로 높이기 위해서는) 6만 5,000J의 에너지가 소요된다. 따라서 만약 낙하한 사과의 모든 운동 에너지가 열에너지로 전환된다면 6만 개의 사과를 떨어뜨려야 차 한 잔을 끓일 수 있다는 결론에 이른다!

1843년, 줄은 톰프슨(훗날 럼퍼드 백작 작위를 받았다)이 도출한 결과의 정확도를 높이는 데 크게 기여했으며 **열역학**Thermodynamics과 관련된 여러 논쟁의 시발점이 되기도 했다. 훗날 열역학은 기체 분자 운동론 덕분에 더욱 발전했다. 줄은 현재의 에너지가 다른 에너지로 전환될 때 그 에너지의 형태만 전환될 뿐 전과 후 에너지의 총합은 변하지 않고 언제나 일정하다는 의미의 열역학 제1법칙을 발표하는 데 크게 기여했으며, 윌리엄 톰슨William Thomson(켈빈 남작으로 더 잘 알려져 있다)과의 협업을 통해 그의 이름을 딴 절대 온도 단위(켈빈)를 만들기도 했다.

1905년에 이르러 몇십억 년 전부터 물질 속에 존재하던 예상치 못한 형태의 에너지를 발견한 것은 알베르트 아인슈타인Albert Einstein이지만, 그보다 200년 앞서 물질과 빛의 전환 가능성에 대해 고민하고 「질량이 큰 물체와 빛이 서로 전환될 수는 없을까?」라는 글을 남긴 것은 뉴턴이었다. 1905년에 발표된 아인슈타인의 논문에 소개된 이 공식이 가진 통찰력에 감탄할 뿐이다.

$$E = mc^2$$

이 공식은 에너지(E)와 질량(m)이 상호 교환될 수 있는, 사실상 등가원리가 적용됨을 보여주었다. 이렇게 에너지와 질량을 연관 지어 생각했다는 점도 굉장히 놀랍지만, 특히 광속의 제곱인 $(299{,}792{,}458\mathrm{m/s})^2$이라는 어마어마한 숫자를 의미하는 계수 c^2의 존재도 매우 경이로웠다. 이 간단한 공식을 통해 우리는 적은 물질로도, 질량이 적은 경우에도 어마어마한 에너지를 얻을 수 있다는 사실을 발견했다. 이를 적용하면 1g의 물질로 100조J만큼의 에너지를 얻을 수 있다.

이 이론적 가능성은 1938년, 우라늄과 같은 무거운 원자핵이 여러 개의 가벼운 핵으로 분열되는 현상을 의미하는 핵분열을 발견함

« 자연의 비밀을 캐낸 것이 과연 인류에게 득이 되었는지, 인류가 그것을 잘 활용할 만큼 성숙한지, 그 지식이 오히려 해가 되는 것은 아닌지 자문해봐야 합니다. »

피에르 퀴리, 1905년 6월 6일 노벨상 수상 연설 중에서

으로써 현실화되었고, 이를 통해 거대한 양의 에너지[3]가 방출된다는 사실이 밝혀졌다. 불행히도, 이 에너지는 미국이 1945년 8월 4일 일본의 히로시마 상공에 원자폭탄을 투하하면서 그 파괴력이 널리 알려졌다. 그 일을 계기로 인류는 단 700g의 우라늄이라도 분열되면 대재앙으로 이어질 수 있다는 사실을 뼛속 깊이 새기게 되었다.

물론 원자폭탄의 경우에는 연쇄 반응을 일으켜 한순간에 에너지를 방출할 수 있도록 만든 것임을 정확히 짚고 가야 한다. 우라늄 원자가 각각 분열을 일으키면서 가까이 있는 원자들까지 분열하는 연쇄 현상인 것이다. 철저한 관리하에 이러한 분열 반응을 일으키는 원자력 발전소와 달리, 관리나 제어 없이 자유로이 분열되면 핵무기가 된다. 나무에 매달린 사과처럼 이 에너지에 잠재적으로는 접근할 수 있지만, 그곳에 접근하기 위한 시동 장치(나뭇가지에서 사과를 떼 주는 역할)가 필요하다. 따라서 재래식 원자폭탄의 경우에는 기폭장치를 작동시켜 우라늄 원자 간 연쇄 반응이 일어나도록 한다.

연금술사의 꿈

뉴턴이 연금술에 심취해 있었다는 사실이 밝혀진 것은 1936년이다. 당시 연금술에 관한 그의 여러 저작이 공개되고, 개인 서재에서 138권에 이르는 기묘한 책들이 발견되면서 사람들은 충격에 빠졌다. 그 존경받는 학자가 왜 아무도 인정하지 않는 학문에 심취했던 걸까?

그에게 비판의 칼날을 들이대기 전에 일단, 당시에는 **연금술** alchemy과 **화학** chemistry의 경계가 매우 모호했으며, 화학이라는 학문이 이제 막 걸음마를 떼는 단계였음을 염두에 둬야 한다. 그만큼 이 두 학문은 도구부터 실험 방식까지 공통점이 많았는데, 18세기에 이르러 하나는 과학의 지위를 가진 어엿한 학문이 되었고, 다른 하나는 유사 과학, 더 나아가 사기 행위로 간주되었다.

당시에는 연금술 책이 왕성하게 제작되었다. 그런데 오직 **변환** transmutation(하나의 물질을 다른 물질로 바꾸는 현상)의 비밀을 노출시키지 않으려는 목적에서 해독 불가능한 불가사의한 기호들을 사용했다. 무엇보다 '연금술의 돌'이라는 공상 속 물질로 납을 금으로 변환시킨다는 환상이 많은 연구자와 괴짜들의 관심을 끌었다. 연금술은 금속이 모두 '영이 깃든 황산'과 '철학자의 수은'으로 구성되어 있다는 믿음에 기반해 자연에 있는 어떤 물질이라도 추출해보면 이 두 물질이 들어 있고, 다른 물질과 결합할 수 있다는 논리에 기반한다.

실험 도구와 대장간 도구, 불, 가스 물질로 꽉 찬 실험실에서 뉴턴이 꽤 오랜 시간 머물렀다는 동료의 진술로 보아, 뉴턴이 1668년부터 30년 넘게 연금술에 대한 열정을 간직해왔다는 사실은 신빙성이 높아 보인다.

이렇게 별 의미 없어 보이는 실험을 통해 뉴턴은 무엇을 배웠을까? 결과적으로 그는 화학물질도 인력, 더 나아가 척력의 영향을 받는다는 사실을 배웠으며, 그것을 통해 활력이라는 독창적인 개념이 자연 전반에 적용되는 일반 개념으로 자리 잡도록 도와주는 계기가 되었다. 또한 그는 화학 실험 과정에서 다른 물질과 유난히 신속하게 반응하는 화학 결합물이 존재함을 관찰하고 '결합의 원리'와 '고립의 경향'이라는 개념을 발견했는데, 역설적이게도 이것은 17세기 현대 화학이 이룬 가장 큰 쾌거로 남았다. 이것이 19세기 말에 이르러 화학자 발터 네른스트Walther Nernst가 주장한 **화학 친화력**chemical affinity과 **열역학적 평형**thermodynamic equilibrium 이론의 근간이 되었기 때문이다.

그러나…… 연금술에서 말하는 변환이 전혀 실현 불가능한 일은 아니었다. 1901년 10월, 물리학자 어니스트 러더퍼드Ernest Rutherford는 실제로 몬트리올의 실험실에서 그것을 관찰했다. 몇 해 전부터 그는 이미 **방사능**(**방사성** 물질의 핵이 고에너지 방사선을 방출하며 붕괴되는 것)의 효과에 대해 연구하고 있었다. 사실 그때 이미 피에르 퀴리Pierre Curie와 마리 퀴리Marie Curie, 그리고 앙리 베크렐Henri Becquerel도

이 연구에 몰두해 있었다. 러더퍼드는 토륨의 핵분열을 통해 고방사성 물질인 라듐을 생산한 공로를 인정받아 노벨 화학상을 수상했으며, 그 후로도 여러 번 물질의 변환 과정을 관찰했다. 그때부터 방사능은 사람들에게 환상을 심어주었고, 정작 방사성 물질의 유해성은 한참 후에야 밝혀졌다. 하지만 오늘날에는 방사능이 의학에서 고고학에 이르기까지 다양한 분야에서 유용하게 사용되고 있다.

방사능 연대 측정

1904년부터 라듐의 핵분열 과정에서 헬륨이 방출된다는 사실을 확인한 러더퍼드는 퇴적암 속 헬륨 잔존량을 통해 연대를 산출하고자 했다. 헬륨 잔존량(외부로 방출되지 않았다고 가정)이 많을수록 암석의 연대가 오래된 거라는 점이 방사능 연대 측정법의 발단이 되었으나 정확도가 높지 않아 현재는 일부 광물에 흔적으로 남아 있는 방사성 동위원소인 루비듐의 비율을 측정한다. 이는 마치 고고학에서 탄소-14를 통해 연대를 측정하듯 루비듐의 방사 붕괴로 생성된 스트론튬의 양을 측정하는 것이다.

에너지의 미스터리를 풀기까지 얼마나 어려운 여정을 거쳐왔는지, 그리고 얼마나 이례적인 발견들이 차곡차곡 쌓여 그 길들을 만들었는지 모른다. 새로운 형태의 에너지(운동 에너지, 위치 에너지, 열에너지, 핵에너지)가 발견될 때마다 기술적 측면뿐만 아니라 산업, 군사적 측면에서도 중대한 변화가 일어났지만 그 와중에도 에너지 보존 법칙은 늘 지켜졌다. 이것이 바로 뉴턴의 『프린키피아』가 추구하는 핵심 사상 가운데 하나이기도 했다. 그러나 우주의 이치를 이해하기 위해서는 그 무엇보다 우주의 역학을, 행성뿐 아니라 대포알이나 풍랑 맞은 배, 낙하하는 사과와 같은 물체의 움직임을 예측해야 한다는 믿음에서 당시 학자들은 이를 설명하려 애썼다. 하지만 아이러니하게도 이를 모두 설명하는 데는 운동의 기본 법칙 세 가지면 충분하다.

2장

뉴턴의 운동 법칙

간결하고 명확하게 정리된 세 가지 운동 법칙 덕분에 뉴턴은 고전 역학의 기틀을 잡을 수 있었고, 그 후로도 이 법칙들은 200년이 넘도록 공고히 유지되었다. 이렇게 물체의 역학에 대해 파악한 뉴턴은 천체 연구로 관심의 영역을 확장해나갔다.

프린키피아

1686년, 인생의 정점에 있던 마흔네 살의 뉴턴은 『자연철학의 수학적 원리』(『프린피키아』) 1권을 출간했으며, 그 후로도 동일한 제목의 책을 두 권 더 내놓았다. 이 책들이 과학계에서 가장 유명한 저작 가운데 하나로 손꼽히면서 그 라틴어 초판본이 고가에 거래되기도 했다. 그러나 『프린피키아』는 오랫동안 금서로 분류되어 있었던 데다 라틴어로 쓰인 초판본은 난해한 명제들과 기하학적 요소들뿐만 아니라 상대적으로 접근이 어려운 수학적 언어가 사용되어 매우 추상적인 느낌을 주었다. 그러다 보니 이 책에 소개된 심원한 명제들은 초판이 세상에 나오고도 시간이 한참 흐른 1759년에야 에밀리 뒤 샤틀레Émilie du Châtelet라는 훌륭한 프랑스어 번역가를 만나 본격적으로 유럽에 소개되었다. 그 여세를 몰아 볼테르Voltaire는 이 책의 대중적 해설서 격인 『뉴턴 철학의 요소Éléments de la philosophie de Newton mis à la portée de tout le monde』를 집필해 유럽과 러시아에서 큰 성공을 거두었다. 볼테르와 에밀리 뒤 샤틀레는 유럽 대륙에 뉴턴의 사상을 전파한 일등 공신인 셈이다.

자, 이제 『프린키피아』의 책장을 넘기며 본격적으로 그 내용을 들여다보자. 특히 시공간에 대한 정의로 시작되는 1권은 아주 유용한 지식을 선사해줄 것이다.

시간의 개념

사상가 미셸 드 몽테뉴Michel de Montaigne는 "우리의 삶은 그저 움직임에 지나지 않는다"라고 말했고, 캐서린 크레스만 테일러Katherine Kressmann Taylor는 "처음 무언가를 시작하는 사람들보다 그것을 향한 움직임이 더 중요하다"라고 쓴 바 있다. 이는 움직임 없이는 삶도, 법칙도, 심지어 시간도 흐르지 않기에, 세상의 움직임이 물리학의 존재 이유라는 의미로도 해석될 수 있을 것이다.

시간은 늘 공간과 긴밀히 연결된 동반자로 여겨졌다. 3,500년 전, 바빌론과 이집트 사람들은 물통에 난 구멍에서 흘러나오는 물을 관찰해 시간을 측정했다(이것이 그 유명한 물시계clepsydre다. 그리스어로 도둑clepto과 물hydra을 뜻하므로 '물 도둑'이라고 해석된다). 통 속의 수위 변화로 시간의 경과를 예측한 물시계를 시작으로 지난 몇 세기 동안 인류는 시간을 측정하는 여러 방법을 고안해냈다. 해시계에 나타나는 그림자의 위치 변화나 오래된 벽시계에 달린 추의 규칙적인 움직임, 기계식 손목시계에 들어 있는 나선형 용수철의 이완된 모습, 현대식 쿼츠시계에 들어 있는 수정 진동자의 진동 주기, 원자시계 속 세슘-137 원자의 전이를 통해서 말이다. 방법은 달라도 상태의 변화나 일정하고 주기적인 움직임을 관찰해 시간을 측정한다는 공통점이 있었다. 뉴턴이 『프린피키아』 서문에서 밝힌 생각을 이해하기 위해서는 이러한 시간과 움직임, 시간과 공간의 관계를 중점적으로 봐야 한다.

왜냐하면 나뭇잎이 흔들리고, 자동차가 지나다니고, 비행기가 하늘을 가로지르는 등 우리에게 시간성Temporality을 느끼게 하는 사물들도 변하기 때문이다. 라이프니츠가 정의한 것처럼 **서로 양립할 수 없는 두 개의 공간 이미지**(왼편으로 지나가는 차 vs 오른편으로 지나가는

차)가 겹치면 우리는 어떤 일이 벌어지고 있다고 인지하며, 어떤 일이 연속적으로 발생하면 일정 시간이 경과했다고 의식한다. 반대로, 만약 우주가 완전히 멈춰버린다면 우리는 시간이라는 개념을 잃어버린다. 한마디로, 공간[1] 속에서의 움직임 덕분에 시간의 흐름이라는 원칙도 적용할 수 있는 셈이다. 뉴턴은 여기서의 시간을 **상대 시간**relative time이라 칭하고, 이를 벽시계 속 추처럼 움직인 시점으로부터 시간을 계산하기 위한 도구이며 수학적 방정식으로 구할 수 있는 수치, 즉 실질적인 시간이라고 여겼다. 이는 절대 공간에서 독립적으로 흐르는 초자연에 가까운 **절대 시간**absolute time과 구별되는 개념이다.

뉴턴이 『프린피키아』에서 정의 Ⅷ의 주석에 쓴 내용을 보면 다음과 같다.

> 절대 시간이란 외부와 차단된 상태에서 변함없이 일정하게 흐르는 진정한, 수치화할 수 있는 시간으로 지속된 시간을 의미한다. 상대 시간이란 운동의 지속 시간(동일하든 그렇지 않든)을 외부적으로 드러낸 감각적인 척도이며 통상적이고 겉으로 드러나는 개념으로서 시간, 날짜, 개월 등으로 나타내며, 진정한 개념의 시간 대신에 일반적으로 통용되는 것이다.

하나의 움직임을 묘사하기 위해 그 물체가 위치한 공간에 대해서도 분명히 밝혀야 하기에, 뉴턴은 절대 시간이 흐르는 **절대 공간**absolute space과 상대 시간이 흐르는, 우리가 일상을 영위하는 **상대 공간**relative space을 구분했다. 이에 대한 뉴턴의 설명은 다음과 같다.

> 외부와 차단되어 있는 절대 공간은 큰 변화가 없는, 불변의 성질을 가지는 반면, 상대 공간은 절대 공간에서 변형된 용적 또는 측도이며, 물체와의 관계를 통해 우리가 지각할 수 있어 부동의 공간과 혼동하기 쉽다. 땅이나 하늘에 속한 공간의 경우에도 지구와의 관계에 따른 위치로 결정된다.

더 구체적으로 말하면, 뉴턴이 살던 시대에는 이 절대 공간을 하늘에 고정되어 있는 별들[2]을 기준으로 했다. 그러나 오늘날의 천문학적 지식으로 보면, 별보다는 저 멀리 있는 은하계[3]가 더 적합한 기준이 될 듯하다(사실 우리은하는 끊임없이 자전하고 있기 때문에 이 또한 기준이 될 수 없다).

절대 공간과 상대 공간이 잘 구분되어야 절대 시간과 상대 시간의 구분도 더 논리적으로 이해할 수 있다. 예를 들어, 우리는 지구가 태양 주위를 공전하고 있으며, 지구상에서 진행한 실험의 결과가 무중력 상태나 소행성 혹은 달에서 한 실험과 다르게 나올 것이라는 사실을 익히 알고 있다. 주어진 가속도가 달라지다 보니 실험 결과도 달라지는 것이다. 중요한 것은 두 실험 장소의 상대 속도를 이해해야만 실험 결과가 각 조건하에서 맞아떨어진다는 점이다. 만약 공간 속 혹은 공간의 움직임에 의해 시간이 결정된다는 사실을 인정한다면 여러분은 여러 개의 상대 시간이 존재한다는 사실과 저 멀리 있는 은하계를 기준으로 고정된 공간과 연결된 **절대 시간**의 존재를 인정할 수밖에 없을 것이다. 서로가 일정 속도를 유지하며 운동하는 두 공간을 **관성 좌표계**inertial coordinate system라고 부르는데, 이 특별한 조건에서도 물리학적 법칙은 동일하게 적용되며, 오히려 그것과 분리되기 어렵다.

여러분 가운데는 이렇게까지 구분해서 정의 내릴 필요가 있는지 회의를 느끼는 사람도 있을 것이다. 그러나 뉴턴이 이 내용으로 책의 서두를 시작한 것은 절대와 상대라는 움직임이 가진 미묘한 차이, 특히 회전 운동이나 가속과 관련된 **관성력**inertial force(35쪽 글 상자 내용 참고)에 대해 제대로 이해했다는 뜻이며, 실제로 이것은 절대 시간의 존재를 부정하는 고트프리트 라이프니츠와 뉴턴 간의 열띤 서신 논쟁으로 이어졌다. 라이프니츠는 뉴턴에게 "모든 순간순간이 동일한 무게로 이루어져 있다면 천지창조 순간을 고르는 창조자의 합리적 이성은 존재하지 않는다는 의미가 된다"라는 내용의 서신을 보냈다. 한마디로, 절대 시간은 시간의 기원을 설명해주는 성경 속 천지창조와 모순된다는 뜻이었다. 이 때문에 뉴턴은 이렇게 시간을 구분하는 행위가 확인되지 않은 존재를 이용한 교묘한 술수에 지나지 않는 것이라고 인정해야 했다.

관성력

'물체가 관성 좌표계 밖에서 움직이면 어떻게 될까?'라는 질문에 대한 답을 찾기 위해 뉴턴은 회전하는 물 양동이를 예로 들었다. 물 양동이를 돌리면 잔잔했던 물은 시간이 지날수록 점차 바깥쪽으로 밀려나가고, 양동이 가장자리 쪽의 수면은 높아질 것이다. 그러나 이 양동이의 가장자리에 누군가 앉아서 함께 돈다면 물은 가만히 있고 수면만 일렁인다고 느낄 것이다. 그러다가 곧 이 사람은 자신이 특별한 공간에 있으며, 이곳에서는 새로운 힘(**관성력**) 때문에 수면이 일렁이는 것처럼 보인다는 사실을 발견할 것이다. 반면, 절대 공간에서는 수면이 평평하게 유지될 것이다.
사실, 이 관성력은 좌표의 선택에 따라 나타나는 것이고, 상호 작용이라 부를 수도 없기 때문에 허구의 힘 혹은 가짜 힘이라고 볼 수 있다.

여하튼 뉴턴은 천체의 움직임이나 지상에서의 물체 운동을 이해하기 위해 늘 이 '통상적인'(그의 표현을 빌리자면) 시간 속에 머물으며, 나비 날개가 펄럭이는 횟수를 통해 그것을 측정했다. 이처럼 물리 법칙 안에서 확고하게 자리 잡고 있던 시공간의 지위가 흔들린 것은 오랜 시간이 지나서였다. 이는 4장에서 다시 다룰 것이다.

세 가지 운동 법칙

『프린피키아』의 내용을 좀 더 살펴보자. 앞에서 살펴본 도입부를 제외하고 『프린피키아』 1권은 뉴턴이 사용하게 될 수학적 도구들에 대한 설명이 주를 이루며, 마찰력을 무시한 **자유 운동**에 관한 부분도 찾아볼 수 있다. 2권에서는 물과 같이 '저항성 있는' 환경에서의 운동을, 3권에서는 우주론에 관한 뉴턴의 관점, 즉 '우주 체계'의 문제를 다룬다. 중력 문제나 조석 현상, 행성의 운동에 관해 다루는 것은 3권뿐이다.

《 나는 거인의 어깨 위에 있었기에 남들보다 더 멀리 볼 수 있었다. 》

뉴턴이 로버트 훅Robert Hooke에게 보낸 편지, 1675년 2월 5일

세상을 바라보는 새로운 시선

뉴턴도 인정한 바와 같이 그가 자신을 앞서간 거인들의 어깨에 올라타지 않았다면 더 높이, 더 멀리 바라보기는 힘들었을 것이다. 인류사와 **경성 과학**hard science의 역사는 이렇듯 자신을 둘러싼 세상을 이해하기 위해 노력했던 사상가들의 업적으로 한 걸음 한 걸음 진보해왔다.

그리스 과학자들은 초자연적 설명에 의지했던 과거에서 벗어나

물리계라는 모델을 제시함으로써 자연 현상을 해석하고, 온 세상에 대한 보편적 진리를 추구하고자 했던 최초의 인물들이다. 그 대표 격인 탈레스Thales는 기원전 6세기에 이미 학교를 세우고 제자들에게 온도 차에 의해 바람이 생성되며, 대륙판의 이동으로 지진이 발생하고, 바다와 강물의 증발로 빗물이 생성된다는 사실뿐 아니라 세상이 물이라는 기본 요소로 구성되어 있다고 가르침으로써 물리학의 아버지로 추앙받았다. 그의 뒤를 이어 등장한 아낙시만드로스Anaximandros와 아리스토텔레스 또한 선대 과학자들 못지않게 신성한 가설을 만들어냈다. 이처럼 그리스인들은 다방면에서 선구자 역할을 톡톡히 해냈다.

『프린피키아』 1권에서 뉴턴은 낙하하는 사과에서부터 행성의 운동까지 모든 역학적 현상을 지배하는 세 가지 운동 법칙을 소개한다. 물론 논거와 그것의 응용 과정에서 약간의 모호함이 보이기는 하지만, 운동 법칙에 대한 설명은 매우 간결하다.

운동 제1법칙, 즉 관성의 법칙부터 살펴보자.

> 모든 물체는 외부에서 힘이 작용하지 않는 한 정지해 있거나 직선상의 등속 운동을 유지한다.

몇백 년 전부터 통용되던 아리스토텔레스의 운동 이론 일부를 뒤집는 내용의 운동 제1법칙은 당시로서는 상식에 어긋나는 것으로 여겨질 수밖에 없었다. 기원전 4세기, 아리스토텔레스는 진공 상태에서의 움직임 자체를 부인하고, 일정한 속도를 유지하기 위해서는 일정한 힘을 적용해야 한다고 생각했다. 물체의 움직임에 관한 그의 생각은 『자연학Physica』 4권에 잘 드러나 있는데, 각각의 물체는 타고난 본성에 따라 움직인다는 것이 주된 내용이었다. 지구나 물과 같이 무거운 본성을 갖는 것은 자연적으로 '아래'로 향하고(하강하고) 공기나 불처럼 가벼운 본성을 갖는 것은 '위'로 올라가(상승한다)는데, 그 이유는 본성에 따라 그것이 속한 본래 장소를 찾아가기 때문이라고 설명했다.

이를 통해, 이 시기까지도 대중의 머릿속에는 일정한 힘이 작용해야만 기존 속도를 유지할 수 있다는 믿음이 자리 잡고 있었음을 엿볼 수 있다.

어릴 적에 즐겨 보던 만화 『우주해적 캡틴 하록』을 떠올려보자. 거기에는 가스를 내뿜으며 온 우주를 누비고 다니는 우주선이 나오는데, 이 우주선은 방향 전환을 할 때만 추진 장치를 점화해 그 추진력으로 우주 끝까지 도달했다. 그러다가 한 번 방향이 정해지면 우주선은 추진력 없이도 이동할 수 있었다.

이런 실수도 충분히 이해된다. 왜냐하면 뉴턴의 운동 제1법칙도 당시에는 일상적으로 통용되던 상식에 대한 도전으로 받아들여졌기 때문이다. 지구에서 던진 물체가 계속해서 움직이는 것을 본 적 있는가? 당연히 없을 것이다. 땅에서 굴리든 미끄러트리든 언젠가는 멈추기 때문에 공의 일정한 움직임을 유지하기 위해서는 힘이 필요하다고 생각하는 것은 자연스러운 논리의 전개다. 게다가 2,000년이 넘는 시간 동안 **물체는 정지해 있으려는 자연적 성질을 가진다는 것**이 통념으로 여겨진 것도 하나의 이유가 될 것이다. 그러나 뉴턴은 물체가 맞닥뜨리는 움직임에 대한 저항으로 이를 설명하고자 했다. 우리가 운전할 때 가속 페달에서 발을 뗄 수 없는 이유도 마찬가지다. 기본적으로 차체에는 공기의 마찰, 모터의 기계적 마찰, 도로에 닿는 타이어의 마찰 등이 영향을 미치고, 자동차 모터는 지속적으로 이러한 힘의 저항을 받기 때문에 그 마찰력을 극복하기 위해 가속 페달을 밟는 것이다.

아리스토텔레스의 사상을 가장 신랄하게 비판한 사람 가운데 하나로 꼽히는 갈릴레오 갈릴레이Galileo Galilei는 1600년에 이미 물체는 외부에서 힘이 가해지지 않는 한 움직임을 **영원히** 유지하려는 성질이 있다고 주장했다. 뉴턴의 주장도 갈릴레이의 주장과 매우 유사하다.

그렇다면 두 사람은 대체 어떻게 이 같은 결론에 이르렀을까? 그들은 판자에 비누를 칠하고 그 위에서 물체를 던지면 움직임에 거의 제동이 걸리지 않는다는 사실에 주목했다. 그리고 이를 일반화하여 마찰이 없는 경우, 물체는 정지하지 않고 계속 움직일 것이라고 예상했다. 이는 컬링 경기에서 움직이는 스톤이 과녁 앞에 다다랐을 때 선수들이 컬링 브룸으로 열심히 바닥을 문지르는 이유와도 같다.

얼음의 온도를 높여 마찰을 줄이고(이렇게 해서 녹은 표면에는 물이 얇은 막을 형성하기 때문) 컬링스톤의 이동 경로를 조절하는 것이다.

영화 애호가들에게 이 운동 제1법칙은 2013년에 개봉한 알폰소 쿠아론Alfonso Cuaron 감독의 영화 〈그래비티Gravity〉의 첫 장면을 떠오르게 한다. 우주 정거장에 매달려 있던 여주인공이 부품 조각에 맞아 마치 팽이처럼 돌면서 튕겨나가는 장면인데, 관객들은 어떤 사건이 일어나지 않는 한, 이 여자 우주 비행사가 영원히 빙글빙글 돌 것임을 직감한다.

이 운동 제1법칙을 보고 있으면 자연스럽게 '움직이는 물체에 외력이 주어지면 어떤 일이 발생할까?' 하는 의문이 생긴다. 이에 대한 해답은 역학의 기본 원리라고도 불리는 뉴턴의 운동 제2법칙에서 찾을 수 있다. 아래 이어지는 내용이 그에 대한 현대적 해석이다.

> 관성 좌표계에서 힘을 받은 물체는 주어진 힘에 비례하고 질량에 반비례하는 가속도를 갖는다.

이번에는 더 간결하게 설명해보자. 뉴턴은 운동하는 물체에 주어진 가속은 가해진 힘에 비례하며, 그 힘을 질량으로 나누면 가속도가 된다고 주장했다.

$$\text{힘} = (\text{질량}) \times (\text{가속도})$$

이 방정식은 물체에 주어진 힘이 가속도에 비례한다는 것과 그 비례계수가 질량이라는 것을 알려주는 데 의미가 있다. 뉴턴에게 힘이라는 것은 하나의 물체가 다른 물체에 행하는 기계적 행위[4]로, 물체의 움직임에 변화를 일으키는 일종의 상호작용인 셈이다. 만약 어떤 물체를 2배 세게 밀어내면 가속도는 2배로 증가할 것이고, 10배로 밀어내면 가속도는 10배로 증가할 것이다……. 반대로 물체의 질량이 2배 더 크면 2배 더 세게 밀어야 동일한 가속도를 얻는 셈이다. 뉴턴은 이 법칙을 통해 움직임과 질량의 직접적인 관계를 제시했다.

《 두 힘이 합쳐질 때 그 효과는 배가 된다. 》

아이작 뉴턴

사실상 가속도와 속도, 위치는 수학적으로 연결되어 있기 때문에 물체에 주어진 힘을 알면 역학의 기본 원리를 이용해서 이동 거리와 속도를 계산할 수 있다. 가속도는 시간에 따른 속도의 변화량이고 속도는 시간에 따른 위치의 변화량인데, 이를 수학적 언어로 말하면 가속도는 속도(시간에 대한)를 **미분**한 값이며 위치(시간에 대한)의 **이계 도함수**로 표현할 수 있다. 반대로 이 값을 적분하면 운동하는 순간 물체의 속도와 위치를 알 수 있다.

작용-반작용의 법칙이라고도 불리는 뉴턴의 운동 제3법칙은 이와 같은 내용으로 되어 있다.

한 물체가 다른 물체에 힘을 가하면 그 물체 역시 반대 방향에서 똑같은 크기의 힘을 가한다.

모든 작용에는 항상 동일한 크기의 반작용이 존재한다. 두 물체가 서로 가하는 작용은 크기는 같으나 방향은 반대가 된다고 생각하면 간단하다.

사실, 이것은 손으로 탁자만 밀어봐도 금방 이해할 수 있다. 탁자에 힘을 가하는 순간, 손의 근육으로 전해지는 미는 힘과 반대 방향에서 오는 탁자의 반작용이 손 세포들을 통해 전해질 것이다. 이는 해변을 거닐 때도 마찬가지다. 모래사장 위에서는 몸의 무게와 모래의 반작용을 동시에 느끼기 때문에 걷기 힘들어지는 것이다.

작용-반작용의 법칙을 적용한 고전적인 예로는 로켓 발사가 있다. 연료가 연소하면서 모터에서 가스가 생성되고, 이렇게 생성된 가스는 아주 빠른 속도로 분사구를 통해 땅으로 분출된다. 로켓에서 분출된 가스의 추진력으로 로켓에 반대로 작용하는 힘, 즉 반작용이 발생해 로켓을 땅에서 위로 밀어 올리고, 더 나아가 우주로 쏘아 올릴 수 있는 것이다.

이렇게 뉴턴의 세 가지 운동 법칙만 있으면 지구상에서 관찰되는 거의 모든 움직임과 거기에 작용하는 힘에 대해 설명할 수 있다. 물론 힘에는 다양한 특성이 있으므로 어떤 힘이 가해졌는지 속속들이 파헤치기는 어렵다.

뉴턴의 법칙을 이용한 우주 구출 작전

자, 이제 여러분이 우주 공간을 부유하고 있다고 상상해보자. 타고 있던 우주 왕복선의 에어로크(출입구)와도 멀어졌고, 자체적으로 추진력을 얻을 방법도 없다. 하지만 이제부터 침착하게 지시에 따른다면 뉴턴의 운동 법칙 세 가지를 이용해서 살아나갈 수 있다. 우주복에 달린 부속품 중 가장 묵직한 것을 떼어내 우주 왕복선의 반대 방향으로 던지면 물체에 주어진 힘이 반작용(제3법칙)에 의해 여러분에게 돌아와, 그 덕분에 여러분의 몸은 물체를 던진 방향과 반대로 가속도(제2법칙)를 얻을 것이다. 여기서 말하는 힘, 즉 여러분의 속도는 던진 물체의 무게만큼 클 것이고, 이 물체는 로켓 이륙 시 분출되는 가스와 같은 역할을 한다. 그러면 무중력 상태에서도 무사히 우주 왕복선으로 복귀할 수 있고, 우주의 그 무엇도 여러분의 움직임을 방해하지 않을 것이다(제1법칙).
영화 <그래비티>의 여주인공이 우주 정거장에서 멀어졌을 때 소화기를 사용해 추진력을 얻고 에어로크에 도달하는 것도 같은 원리다.

아르키메데스와 유체 역학 실험

뉴턴의 『프린피키아』 2권은 저항이 있는 유체에서 움직이는 물체들에 이 운동 법칙들을 적용하는 것으로 시작한다. 따라서 이를 이해하려면 물체의 속도에 따라 **유체 마찰력**fluid friction force이 달라진다는 사실을 먼저 인지해야 한다(지구로 귀환하는 우주 캡슐이 대기권으로 진입하는 모습을 상상해보자. 빠른 속도로 진입하다 보면 열 차폐 장치는 뜨겁게 달궈지겠지만 그만큼 공기의 마찰이 발생해 우주 캡슐의 속도는 늦춰진다). 어떤 물체가 유체 내로 진입하면 **부력**buoyancy이라는 새로운 개념의 힘이 생기는데, 이는 기원전 3세기에 아르키메데스Archimedes가 발견한 것이다.

그렇다면 부력이란 무엇인가? 현대에 많이 인용되는 공식적인 설명은 이러하다. 정지해 있는 유체 내(부분이든 전체든)에서 물체는 아래에서 위로 연직력vertical force을 받는데, 이는 이 물체 때문에 이동한 유체의 부피만큼의 무게와 반대 방향으로 작용한다. 그리스의 학자 아르키메데스가 목욕탕에서 이를 발견하고 너무 기쁜 나머지 벌거벗은 채 시러큐스 거리로 뛰쳐나오면서 "유레카!"라고 외쳤다는 유명한 일화도 있으니, 여러분도 심신이 편안한 상태에서 힘의 원리를 다시금 되새겨보기 바란다. 자, 그럼 이제 몇백 톤급 선박들이 물 위에 뜰 수 있는 원리를 살펴보자.

가로, 세로 각각 1m인 정육면체의 속을 물로 채우면 무게가 1톤이 되지만 강철로 채우면 8톤이 된다. 이 강철 정육면체가 물에 들어가면 두 가지 힘을 받는데, **위에서 아래**로 작용하는 무게, 즉 바닥으로 가라앉으려는 힘과 **아래에서 위**로 밀어 올리는 부력이 그것이다. 여기서 부력의 크기는 정육면체를 채운 물의 무게(이동한 유체의 부피에 해당하는 무게)만큼이라고 볼 수 있다. 이 경우, 아래로 향하는 연직력이 합력resultant force에 해당해 강철 정육면체는 물속에서 7톤의 무게를 가져, 결과적으로 빠르게 가라앉을 것이다.

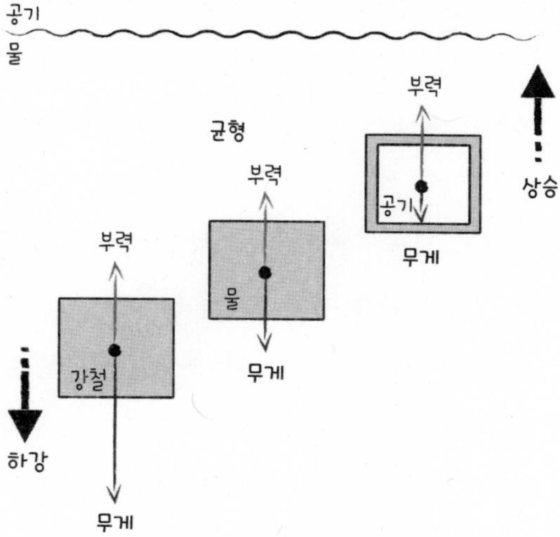

강철 정육면체 내부에 공기가 채워지면 물에 뜨는 이유

이제 같은 크기의 강철 정육면체 내부에 공기를 가득 채우고 뚜껑을 덮었다고 가정해보자. 모두 합해도 무게가 몇백 킬로그램까지 나가지는 않기 때문에 정육면체의 무게는 강철로 가득 찬 것에 비해 훨씬 가볍겠지만 부력에는 변화가 없을 것이다. 이번에는 합력이 위쪽으로 향해 마치 이 정육면체가 '마이너스' 무게를 가진 것처럼 변할 것이다. 그러면 우리의 소형 잠수함은 수면으로 떠올라 평온하게 물 위에 뜰 것이다. 배에도 이와 같은 원리가 적용된다. 물 위에 배를 띄우면 배 때문에 밀려난 물의 부피만큼의 무게가 배의 무게와 같아질 때까지는 물에 뜨고, 그 무게를 초과하는 순간부터 가라앉는 것이다.

이 같은 원리는 비행선을 하늘에 띄울 때도 적용된다. 공기는 물보다 비중이 작으므로 부력을 확실히 받기 위해서는 더 많은 부피의 공기를 이동시켜야 한다. 비행선의 선체가 객실에 비해 유난히 큰 것도 이 때문이다. 비행선은 공기보다 가벼운 유체로 속을 채우는데, 이는 잠수함에 물보다 가벼운 유체(공기)를 사용하는 것과 같은 원리다. 그래서 가스 풍선의 기낭은 헬륨이나 수소로 채우고, 일반 열기구의 경우에는 뜨거운 공기를 사용하는 것이다.

사해의 바닷물은 염분이 많아 여느 바닷물과 비교해도 비중이 높기 때문에 물체로 인해 밀려난 물의 부피가 같더라도 부력은 더 크다. 사해에서는 해수욕객이 바다에 누워 신문을 읽을 수도 있으니 부력의 효과는 실로 놀랍다고 할 수 있다.

그렇다면 이 비행선과 선박을 띄우는 마법 같은 부력은 어디에서 온 것일까? 밑에서 위로 들어 올리는 힘은 **압력**에서 나오며, 단위 면적당 작용하는 힘에 해당한다. 사실 이 압력의 정체를 파악하기까지 몇 세기가 걸렸다. 유체가 입자(원자 또는 분자)로 이루어졌다는 사실을 확인한 뒤부터 이 입자들이 벽에 부딪히면서 운동량을 이전시킨다는 것과 연속 충돌로 인해 압력이 생성되고, 충돌 횟수가 증가할수록 압력이 커진다는 사실이 밝혀졌다.

저울은 무게를 재는 도구인가? 질량을 재는 도구인가?

질량과 무게의 개념은 일반적인 언어로 구분하기 힘들어 혼동하기 쉽다. 하지만 물리학에서는 우리의 몸을 바닥으로 끌어당기는 힘, 즉 무게는 N(뉴턴)으로 나타내고, 물체를 구성하는 물질의 양을 측정한 값, 즉 질량은 kg(킬로그램)으로 표시한다. 이는 뉴턴의 운동 제2법칙에 사용된다. 지구에 한해 이 두 개념은 연결되어 있으며, 공식으로는 다음과 같이 나타낸다.

$$무게 = 질량 \times 9.8$$

비례계수인 9.8은 초의 m/s^2(제곱당 미터)로 나타내며, 지구상에서 자유 낙하하는 물체의 가속도를 의미한다. 반면, 달에서는 가속도가 $1.6m/s^2$밖에 안 되기 때문에 동일한 질량의 물체라도 무게는 줄고 낙하 효력은 약화된다. 아폴로 계획에 참여했던 우주인들이 달 위에서 서투르게 뛰는(낙하할 때도) 장면이나 그와 관련한 실험 결과만 봐도 알 수 있다. 반면에 목성에서의 비례계수는 $25m/s^2$에 이르기 때문에 우리의 몸무게는 지구에서보다 2.5배 더 무거워진다. 우리가 사용하는 저울은 여러 개의 센서로 주어진 힘을 측정하는데, 질량값을 얻기 위해서는 저울 속 내부 계산기가 측정값을 9.8로 나눠야 한다. 한마디로, 달이나 목성에서는 저울이 쓸모없다는 뜻이다.

부력은 수중 물체에 가한 압력을 모두 합해 나오는 힘이다. 물속에 잠긴 정육면체는 사방에서 충격을 받는데, 측면으로 오는 것은 대립 효과에 의해 상쇄된다. 그러나 수면에서 멀어지면 멀어질수록 압력은 증가하기 때문에 정육면체의 밑면에 작용하는 압력은 윗면에 작용하는 압력보다 커지고, 결과적으로 압력은 밑에서 위로 작용한다. 열기구의 고도가 높아질수록 대기압이 낮아진다는 것만 봐도 부력의 방향을 이해할 수 있다.

이러한 해석에 인용된 주요 원리 가운데 하나는 오스트리아 물리학자 루트비히 볼츠만Ludwig Boltzmann이 정리한 것이다. 18세기 다니엘 베르누이Daniel Bernoulli와 19세기 루돌프 클라우지우스Rudolf Clausius가 이뤄놓은 업적을 토대로, 루트비히 볼츠만은 열역학과 압력에 대한 아주 자세한 설명을 내놓았다. 그 후 그의 아이디어는 물리학의 한 분야로 자리 잡았고, 그것이 오늘날의 **통계물리학**Statistical Physics이 되었다. 볼츠만은 앙리 푸앵카레Henri Poincaré처럼 뉴턴의 방정식에 기대어 물리학을 이해하려 했지만 3개, 4개, 10개, 20개, 더 나아가 1만 개의 입자가 그리는 동시다발적 궤도를 계산할 수 없게 되자 통계적 시각에서 집단적인 움직임을 연구하고, 거기에서 새로운 법칙을 유추해낸 것이다. 이를 통해 열기구 내에 있는 가스 입자들이 얼마만큼 이동하는지 정확히는 모르지만 **평균 이동량**에 대해서는 알 수 있게 되었다.

따라서 이 새로운 법칙은 뉴턴의 운동 법칙을 대량의 입자에 대입시켰을 때 나타나는 현상을 일반화한 것이라고 할 수 있다. 아인슈타인은 1905년에 발표한 첫 논문의 연구 주제로 '열의 분자운동론에 따른 정지 유체 속 입자의 운동'을 택했고, 그것을 통해 **브라운 운동**Brownian motion이라 불리는 입자들의 무질서한 통계적 움직임을 분석했는데, 그것은 훗날 원자물리학의 기초가 되었다.

전자의 질량 측정

뉴턴의 법칙이 놀라운 것은 규모가 아주 큰 것에서부터 현미경 크기의 물질에까지 적용할 수 있는 데다가 다양한 문제에 대한 의문점을 풀어준다는 점이다. 대중을 대상으로 강연하다 보면 '지구와 별의 질량은 어떻게 알 수 있는지', '입자 하나의 무게는 어떻게 측정하는지'와 같은 질문을 자주 듣는데, 거대한 저울이나 초미세 저울 없이도 이 질문에 답할 수 있는 것은 뉴턴의 법칙이 존재하기 때문이다.

행성에 관해서는 4장에서 더 살펴보겠지만, 은하의 주변을 돌고 있는 천체의 속도만 측정해도 우리은하의 총질량을 추정할 수 있기 때문에 그 행성이 어떤 천체 주위를 공전할 때 보이는 공전 속도만 측정하면 된다.

이제 중성자neutron, 양성자protons, 전자electon와 같이 원자를 구성하는 미세입자들의 임무가 막중해졌다. 1913년, 미국의 물리학자 로버트 앤드루 밀리컨Robert Andrew Millikan은 전자 연구를 위한 아주 간단하지만 재치 있는 생각을 해냈다. 그는 부력과 무게 간의 균형이 아니라 무게와 **전기력**electric force(전하 사이에 작용하며, 이 전기력의 세기는 입자에 전해진 전하량에 정비례한다) 간의 균형을 눈여겨보았다.

밀리컨은 두 극판을 설치하고 위쪽 방향으로 전압을 건 다음, 그 사이에 기름방울을 뿌렸다. 극판 사이에 만들어진 전기장의 크기가 커질수록 전하를 띤 기름방울들이 더 빠른 속도로 떠올랐다. 그러나 무게 때문에 기름방울은 아래로 당겨지는 경향이 있었다. 이때 전압의 크기를 조절하자 기름방울에 주어진 전기력이 중력과 평형을 이뤄 움직이지 않았다. 아래에서 위로 가해지는 전기력의 특성에 대해 알고 있던 그는 뉴턴의 첫 번째 법칙에 따라 이 힘이 위에서 아래로 가해지는 힘(무게)과 같다고 결론 내렸다. 이 기름방울의 반지름과 밀도, 즉 무게로 총전하량을 계산했고, 그것이 두 극판 사이에 있던 전자의 양[5]에 따라 달라진다는 사실을 알아냈다. 밀리컨은 여러 차례 실험을 반복한 끝에 기름방울들의 총전하량은 전자의 전하량의 정수배가 된다는 사실을 계산해냈다. 전자의 전하량과 질량의 관계는 조지프 존 톰슨Joseph John Thomson이 1897년에 이미 계산했기 때문에 밀리컨은 그 질량값을 최근 추정치인 9×10^{-31}kg으로 계산했다. 이 실험으로 그는 10년 후 노벨 물리학상을 수상했다.

지금까지 살펴본 것처럼 세 가지 운동 법칙을 정의하기 위해 뉴턴은 선현들, 그 가운데서도 특히 잘 알려진 토스카나의 학자 갈릴레이에게서 많은 영감을 얻었다. 그러면 이제 시간을 거슬러 올라가 무거운 물체에 대한 당시 생각들에 대해 살펴보자.

물체의 낙하

1591년 어느 날 피사의 미라콜리 광장, 기울어진 피사의 사탑 발치에는 실험에 초대받은 교수와 학생들, 구경꾼들이 서 있었다. 탑 꼭대기에 선 젊은 갈릴레이의 왼손에는 상아 구슬이 담긴 가방이, 오른손에는 납 구슬이 들려 있었다. 물체의 낙하에 대해 잘못 알고 있는 동료들에게 실험을 통해 자신이 옳았음을 증명하기 위해 탑에 오른 것이었다.

아리스토텔레스의 열렬한 지지자들은 어떤 물체의 질량이 2배 더 무겁다면 당연히 그 물체는 2배 더 빨리 땅에 닿을 거라고 생각했다. 스승의 가르침대로 물체가 무거울수록 지구가 그 물체를 땅으로 잡아당기는 힘이 더 세진다고 믿었기 때문이다. 그렇다면 누구의 말이 맞았을까?

« 나는 질량을 가진 물질의 운동은 계산할 줄 알아도 군중의 광기에 대해서는 잘 모른다. »

아이작 뉴턴

갈릴레이가 구슬을 떨어뜨리자 이 물체들은 거의 동시에 땅에 닿았다(공기 마찰로 인해 상아 구슬의 낙하 속도가 미미하게 느려졌다). 의심의 여지 없이, 아리스토텔레스가 틀린 것이다. 지구에서 낙하하는 물체는 질량과 상관없이 모두 같은 속도로 떨어진다. 당시 갈릴레이는 뛸 듯이 기뻐했지만, 이듬해 그의 피사 대학교 교수직은 연장되지 않았다.

이 사건은 진짜처럼 보이지만…… 몇 세기 전부터 전해 내려오는 이야기이니, 전설처럼 받아들이면 될 듯하다. 하지만 갈릴레이가 1591년에 피사 대학교에서 교수로 재직하면서 2,000년 가까이 이어온 오래된 학설에 의문을 제기하는 바람에 당시 고위 성직자들의 노여움을 산 것은 사실이다. 기이한 행동을 일삼았던 그의 성격과 도발적인 어조로 미루어 갈릴레이는 이 실험을 대중에게 공개하고 싶었을 것이다. 보나 마나 아리스토텔레스의 모델에 신랄한 비판을 쏟아부었을 것이고, 그것이 화근이 되어 교수직에서도 파면당했을 것이다. 하지만 그는 곧바로 베네치아 공화국의 파도바에서 자신의 열정을 펼칠 만한 자리를 찾았다.

그의 의도와 관계없이 이 물체 낙하 실험은 갈릴레이에게 평생의 꼬리표가 되었다. 전 세계 모든 것에 적용되는 이 기본적이고도 보편적인 규칙이 지구상에도 적용된다는 것이 어찌 놀랍지 않을 수 있겠는가?

물체 낙하의 보편성

물체 낙하의 보편성 원칙은 직관에 대한 도전이나 마찬가지였다. 특히 깃털과 돌덩이가 같은 속도로 낙하한다는 것은 받아들이기 힘든 사실이었다. 왜냐하면 진공 상태에서만 이 원리가 유효해야 아리스토텔레스의 실수에 대해 조금이라도 설명할 수 있기 때문이다. 하지만 실제로는 공기 때문에 이동하는 물체에 저항이 생기고, 깃털이 가진 모양과 가벼운 무게 때문에 땅에 닿기 전에 빙글빙글 도는 경향이 있다.

그러고 보면 미국항공우주국NASA이 1971년에 아폴로 15호를 발사할 때 낙체 실험을 한 것도 놀라운 일은 아니다. 공기가 없는 달이 이상적인 실험 공간이 되기 때문이다. 우주 비행사였던 데이비드 스콧David Scott은 오른손에 망치를, 왼손에 깃털을 들고 동시에 떨어뜨린 뒤 완벽하게 똑같이 땅에 닿은 것을 확인했다.

실험으로 차근차근 세상을 알아가다

갈릴레이가 정확도 높은 낙체 실험을 진행해 방정식을 도출해 낸 것은 사실 1583년 어느 날, 그가 목격한 한 장면에서 시작되었다. 피사 대성당 안을 거닐던 갈릴레이는 우연히 촛불 담당자가 거대한 샹들리에에 점화하는 모습을 목격했다. 그러다가 그 움직임이 매우 규칙적인 것을 발견하고는 물체의 이동에 놀랄 만한 규칙성이 있음을 알아냈다. 갈릴레이는 천장에 걸린 거대한 샹들리에의 경이로운 움직임을 호기심 어린 눈빛으로 유심히 관찰했다. 그뿐만 아니라 맥박을 이용해 모든 샹들리에가 무게나 진폭과 무관하게, 일정 시간 동안 흔들린다는 사실을 확인했다. 샹들리에가 한 번 왕복하는 데 걸리는 시간은 흔들리는 폭에 관계없이 항상 일정했던 것이다.

여러분도 갈릴레이의 실험을 재현해보기 바란다. 가느다란 두 개의 끈에 반지와 같은 작은 물건을 매달고, 서로 다른 높이까지 들어 올린 다음 그것을 떨어뜨려보자. 그러면 떨어뜨린 높이와 무관하게 물체가 다시 올라오기까지 동일한 시간이 걸린다는 사실을 발견할 것이다. 그 물체(혹은 반지)를 더 높은 곳에서 떨어뜨릴 경우에는 동일 시간 내에 좀 더 긴 포물선을 그리며 더 빠른 속도로 이동해 결과적으로 왕복 시간이 같아진다.[6]

진자의 **등시성**isochronism(그리스어로 '동시에'라는 뜻)이라는 이 신기한 특성 덕분에 전통 방식으로 만든 손목시계나 괘종시계의 메커니즘이 탄생했고, 손목시계의 경우에는 추가 아닌 용수철이 감겼다 풀리면서 등시성이 발휘되도록 발전했다.

갈릴레이조차 샹들리에의 무게가 무거울수록 더 빠른 주기로 움직일 거라고 생각했을 테니, 이러한 발견이 놀랍기는 마찬가지였다. 이를 통해 진폭이 줄어 움직임이 크게 감소하더라도 왕복 시간은 같다는 점이 증명되었기 때문이다.

갈릴레이에 관한 이 전설 같은 일화를 통해 이 젊은 학자가 움직임의 법칙이 갖는 보편성을 일찌감치 파악하고 있었음을 알게 되었다. 뉴턴은 바로 이 시간의 균일성에서 영감을 얻어 이 장 초반에 언급했던 상대 시간을 정의하기에 이른 것이다. 시계추의 움직임을 통해 지구상이나 우주에서 시간을 측정하기 위한 실질적인 단위를 정의하게 되었고, 그 결과 1790년에는 프랑스 국민의회에서 미터법이라는 새로운 단위계 창설을 결의했다.

미터법의 통일

1790년 5월 8일 국민의회가 열리던 날, 일부 학자들은 **미터**라는 공동의 단위계를 도입해 몇 년 전에 제출된 청원서의 요구사항에 부응하고자 했다. 2,000여 개의 측정 단위가 사용되어 물물교환이 어려웠던 프랑스 시민들은 가장 먼저 '이중 잣대' 체계를 폐지할 것을 요구했다. 이에 과학원 학자들은 프랑스뿐 아니라 전 세계적으로 통용될 수 있는 간단하고 보편적인 방법을 도출해내기 위해 중지를 모으고 있었다.

그 과정에서 학자들은 진자의 원리에 주목했다. 갈릴레이가 관찰한 바와 같이 실에 매달린 물체의 질량이나 낙하 높이가 아닌 진자의 길이와 진자의 주기가 밀접한 관련이 있다는 사실을 깨달았기 때문이다. 일정 길이로부터 시간을 도출해내거나 일정 시간으로부터 길이를 도출해낼 수 있다는 점을 이용해 그들은 1m를 반주기가 1초인 진자의 길이로 정의하기에 이르렀다.

그런데 1791년 3월 26일, 예상치 못한 변수가 발생했다. 진자의 진동 주기가 측정 지역의 위도에 따라 달라져 통일된 단위로서 적합하지 않다고 판단한 것이다. 게다가 1초라는 단위가 하루 중 측정 시점별 지구의 움직임에 따라 달라질 수 있어 1m를 지구 자오선의 4,000만분의 1로 정의하는 새로운 법령을 제정하고 이를 널리 사용하도록 했다.

뉴턴, 갈릴레이의 실험 결과를 방정식으로 만들다

뉴턴은 갈릴레이의 실험 결과를 이용해 물체의 낙하에 관한 수학적 개념을 만들었다. 이는 그가 이미 르네 데카르트René Descartes에게서 영감을 얻어 **미적분학**을 처음으로 개발하고, 적분학의 개념을 발전시켰기에 가능한 일이었다. 이 미적분이라는 수학적 도구는 현대 물리학에서 가장 소중한 발명품 가운데 하나로 꼽히는, 전 세계 물리학자들이 매일같이 문제 해결을 위해 사용하는 수단이기도 하다.

복잡한 방정식의 해를 구할 때는 작은 수를 대입해 계산하고 나중에 그 값을 합하는 것이 편하기 때문에 **적분**이라는 기본 개념이 필요한 것이다. 적분은 미분의 반대 개념으로, '합계'를 의미하는 'S', 즉 ∫로 표시한다. 이를 통해 속도는 위치의 시간에 대한 미분으로, 위치는 속도에 대한 적분으로 알아낼 수 있다.

바로 이 미적분을 누가 먼저 발견했느냐를 놓고 뉴턴과 라이프니츠 간에 N차에 걸친 논쟁이 벌어지기도 했는데, 저작권 문제와 별개로 뉴턴은 미적분을 적재적소에 사용해 물리학 문제를 풀어냈고, 라이프니츠는 미적분법을 단순화시켜 대중에게 보급했으니 둘 다 미적분학의 발전에 일조한 셈이다.

낙체 운동을 방정식으로 만들기 위해 뉴턴은 이를 수평 운동과 수직 운동으로 구분했는데, 그 과정에서 갈릴레이가 관찰한 내용을 참고했다. 정확한 측정치를 얻기 위해 갈릴레이는 비스듬한 경사면을 만들고 그 위로 구슬을 굴렸다. 이 실험의 측정치를 냉정하게 분석한 결과, 그는 구슬의 속도가 경사면의 각도나 구슬의 성질과 관계없이 매우 일정하게 증가한다는 사실을 발견했다. 이 일련의 실험을 통해 그는 자유 낙하 물체가 지나온 높이의 값인 h(미터)를 얻을 수 있었다. 즉, t로 표현되는 시간과 무게만 알면 계산이 가능했던 것이다.

사실 갈릴레이는 그 값이 시간(초)의 제곱 곱하기 5에 해당한다는 사실을 발견하고 놀라지 않았다. 다시 말해, 5m 높이라면 낙하하는 데 1초, 20m 높이라면 2초($2^2 \times 5 = 4 \times 5 = 20$), 45m 높이라면 3초가 소요된다($3^2 \times 5 = 9 \times 5 = 45$)는 의미다.[7]

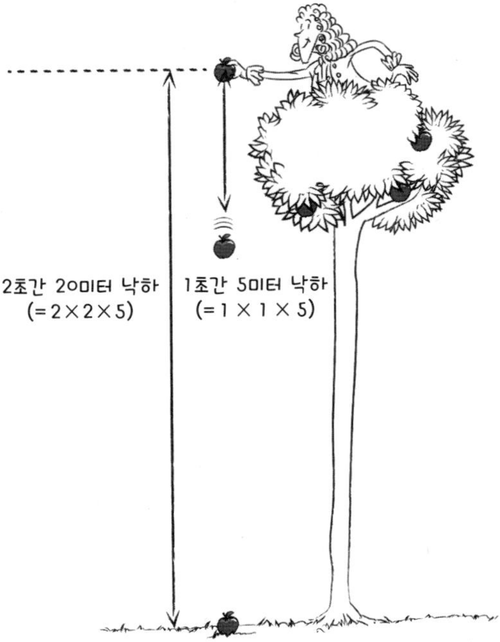

낙하 운동의 법칙

이래도 믿을 수 없다면 사과 하나를 들고 발코니(창문도 좋다)로 가서 아래에 아무도 없는지 확인한 다음 스마트폰으로 사과의 낙하 시간을 측정해보라. 측정된 시간의 제곱에 5를 곱하면 낙하 높이가 나온다.

측량사 없이도 어떤 건물이든 꼭대기에서 물체를 낙하시킨 뒤 착지하기까지 시간만 잘 측정하면(공기의 마찰을 고려하지 않는다면 어떤 물체를 낙하시키든 이 법칙은 동일하게 적용되기 때문이다) 낙하 높이를 알아낼 수 있는 간단한 공식이 발견되었는데 놀라지 않을 사람이 있겠는가?

하지만 갈릴레이는 다른 점에 주목했다. 마치 스키 챔피언이 점프대에서 날아가듯, 경사면에서 구슬을 굴릴 경우 경사면을 다 지난 다음 이어지는 구슬의 움직임이 정속 이동을 의미하는 수평 운동과 자유 낙하(그 유명한 $h \simeq 5t^2$ 법칙에 해당)를 의미하는 수직 운동으로 나뉠 수 있다는 점이었다.

비록 갈릴레이는 이에 대한 합당한 설명을 찾지 못했지만, 뉴턴은 이를 매우 의미 있게 받아들였다. 뉴턴의 운동 제1법칙에 따르면 움직임을 방해하지 않는 한 물체는 정속으로 이동하고, 힘이 작용하면 가속도가 붙는다. 뉴턴은 여기서 말하는 힘이 아래로 향하는 무게를 의미하고, 수평으로 작용하는 힘은 없다는 사실을 알게 되었다.

어떤 물체를 던지면 그 무게에 의해 일정한 수평적 속도가 유지되지만, 땅과는 수직을 이루며 가속된다. 뉴턴은 이러한 이동 경로의 형태를 계산해 이것이 마치 전장에서 쏘는 대포알의 움직임처럼 포물선을 그린다는 사실을 알아냈다.

뉴턴은 이 세 가지 운동 법칙과 미적분법적 계산을 통해 갈릴레이의 경험론적 법칙을 공식화하는 데 성공했다. 그 덕분에 우리는 물체의 이동 경로를 계산하고, 발사체의 탄착점을 예상하며, 측정 도구도 없이 간단한 계산만으로 속도를 알 수 있게 되었다.

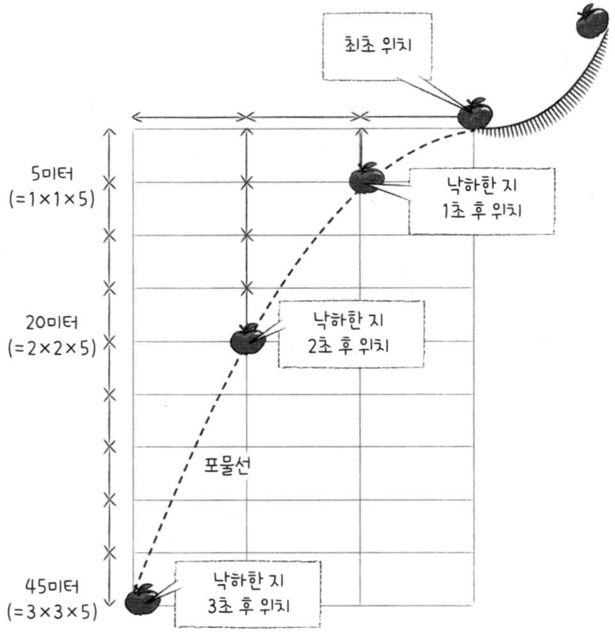

점프대를 거쳐온 사과는 매초 동일한 수평 거리를 가지만 수직 거리로 보면 '제곱'의 법칙에 따라 증가한다. 이동 경로를 이으면 포물선 형태가 된다.

결정론적 특성을 지닌 뉴턴의 고전 역학

뉴턴의 운동 법칙이 지닌 결정론적 특성 때문에 오랜 시간 학자와 종교인, 철학자들 간에는 논쟁이 끊이지 않았다.

여기서 말하는 결정론적 특성을 요약하면 일정 시점에서 물체의 위치와 속도(물리학자들은 이를 **초기 조건**initial conditions이라고 부른다)만 알면 뉴턴의 운동 법칙을 적용해 미래 어느 시점에 다다른 이 물체의 위치와 속도를 파악할 수 있다는 생각에서 기인한 것이다. 이를 모든 물체와 물질의 입자가 가진 운명은 물리학적 법칙에 의해 전적으로 결정된다는 뜻으로 받아들이고, 우리의 몸도 물질로 이루어져 있으니 우리의 반응 범위도 물리학적 법칙을 벗어날 수 없다는 뜻으로 해석한 것이다.

그렇다면 인간의 자유 의지는 어떻게 되는 걸까? 신을 위한 자리는 없는 것일까? 영적 측면에서나 계몽주의 사상을 옹호하는 자유 사상가들에게는 이 문제가 한없이 심오한 논리적 귀결로 이어질 수 있었다는 점을 여러분도 충분히 짐작할 수 있을 것이다. 이에 대해서는 여러 해석이 존재했다. 순수하게 유물론적 시각을 고수한 이들도 있고, '정신'이나 영혼을 물리적 세계의 법칙을 뛰어넘는 본질로 인식하려는 이들도 있었다.

전해오는 이야기에 따르면, 뉴턴의 열렬한 지지자였던 피에르 시몽 드 라플라스Pierre Simon de Laplace가 쓴 『세계체계설명론Exposition du système du monde』에는 신에 대한 언급이 전혀 없었는데, 나폴레옹이 이를 지적하자 그는 "신이요? 폐하, 그런 가정은 필요 없습니다"라고 답했다고 한다. 이러한 시각은 우리가 사는 세상에서 일어나는 모든 현상과 행동이 천심天心에 의해 지배되는 것이며, 이것이 바로 모든 일의 유일한 원인이 된다고 믿는 이슬람 교인들과 일부 기독교인들이 지향하는 기회원인론Occasionalism에 반하는 것이었다.

그 후로 **카오스**chaos 이론에 관심을 갖고 자유 의지를 지키려는 사람들이 등장한 것은 뉴턴 이후 100년도 더 지나서였다. 우리는 종종 브라질에서 나비 한 마리가 퍼덕퍼덕 날갯짓을 하면 지구 반대편에서 토네이도가 만들어질 수 있다는 말로 이 이론을 설명한다. 좀 더 구체적으로 말하면, 이 '나비 효과'는 방정식으로 일반해general solution를 낼 수 없을 때, 공기와 같이 매우 복합적인 역학을 가진 여러 자연 체계에서 나타난다. 어떤 문제를 수학적으로 계산했을 때, 초기 조건(나비의 위치나 날개가 펄럭이는 횟수)을 미세하게 변경하기만 해도 추후 결과가 완전히 달라진다는 뜻이기도 하다. 카오스 이론은 결정론determinism과 무관한 것으로, 그저 방정식에 영향을 미치는 모든 변수와 초기 조건을 우리가 일일이 파악할 수 없다는 사실을 드러내줄 뿐이다. 그 결과는 당연히 물리 법칙의 영향을 받는다.

세 물체 간 중력이 어떻게 작용하고, 그로 인해 궤도의 움직임이 어떻게 변하는지를 다루는 **3체 문제**三體問題도 사실 뉴턴의 운동 방정식을 푸는 데서 해답을 찾을 수 있다. 뉴턴은 태양 주위를 도는 지구처럼 두 물체가 상호작용하는 2체계 방정식에 대해서는 해답을 찾았다. 그러나 여기에 달과 같은 제3의 물체가 추가되어 3체계가 완성되면 방정식이 복잡해져 해의 안정성조차 위태로워진다. 태양계 행성들의 궤도가 지속적으로 변화하며, 지구 또한 태양과 충돌해 사라질지도 모르기 때문이다. 1889년, 카오스 이론의 선구자 앙리 푸앵카레는 3체 문제에는 일반해가 없음을 증명했다. 이 3체 문제에 대한 논의는 오늘날까지 활발히 이어지고 있지만 이것은 우리가 일반해를 구하지 못해서라기보다 해가 존재하지 않기 때문이라고 보는 편이 맞을 것이다.

따라서 3체 운동과 나비 날개의 펄럭거림은 카오스 이론이 결정론적 사고방식을 벗어나지 못했음을 드러낸 것이고, 초기 조건에 의해 결정되는 해와 아주 강한 인과관계가 있음을 보여주는 것에 지나지 않았다. 예측 불가능한 초기 조건의 영향으로 해가 만들어진다고 해서 혹은 해가 존재한다는 사실은 알지만 그것이 무엇인지 모른다고 해서 뉴턴의 물리학이 지닌 결정론적 특성에 의구심을 품을 이유는 없다. 왜냐하면 그저 그러한 체계에 대한 모델화가 완벽하지 않아서 그 진화 방향을 예측할 수 없을 뿐이기 때문이다.

양자물리학적 결정론

양자물리학이 등장한 20세기에는 결정론적 사고방식을 능가하고자 하는 새로운 희망의 움직임이 꿈틀대고 있었다. 그에 발맞춰 양자물리학의 새로운 법칙들은 기본 입자 차원의 고전적 틀에서 완전히 벗어나 우리에게 새롭고 자유로운 공간을 선사했다.

양자물리학의 세계는 1911년 러더퍼드가 **행성** 모델이라 명명한 원자 모델을 제시해 원자 구조를 탐험하면서 세상에 알려졌다. 러더퍼드는 금박을 입힌 알파 입자에 충격을 가하는 실험을 통해 원자는 주로 비어 있으며, 원자의 중심에는 양전하를 띠는 원자핵이 있고, 그 주위를 음전하를 가진 전자가 돌고 있다는 사실을 밝혀냈다. 그는 뉴턴의 행성 모델을 참고해 원자 모델을 만들었는데, 그의 이론에서 원자핵은 태양을, 전자는 태양 주위를 공전하는 행성들을 의미했다.

솔깃한 이론이긴 했지만 이에 의문을 제기하는 과학자도 많았다. 특히 물리학자들은 전자에 운동 법칙을 적용해 이 같은 원자로 이루어진 물질이 불안정할 수 있다는 사실을 지적했다. 실제로 전하를 띤 입자들이 원형 궤도를 돌 때 전자기파를 방사한 것은 사실이었다. 그러나 전자들은 공전 때마다 거대한 에너지를 잃고, 원자핵과 충돌해 단시간 안에 소멸할 수도 있었다.

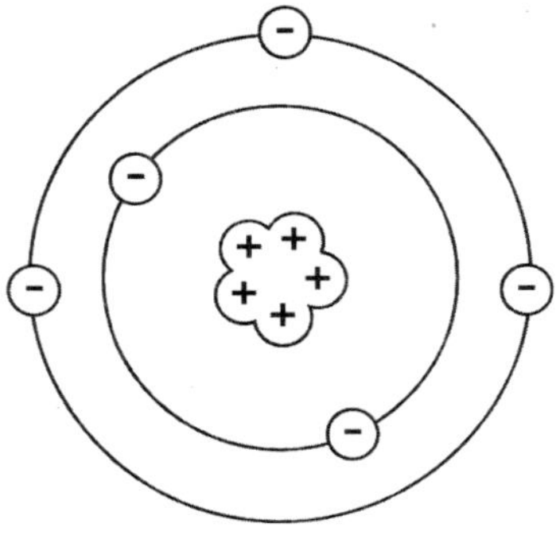

고전적인 원자 모델

러더퍼드는 덴마크의 물리학자 닐스 보어에게 맨체스터로 와서 자신과 함께 연구할 것을 권유했고, 드디어 1913년에 닐스 보어는 최초의 양자역학 원자 모델을 제시했다. 뉴턴이 만들어낸 세상 속에서 행성들이 '허락된' 궤도를 벗어날 수 없는 것처럼 전자들의 궤도가 의미 없는 값을 가질 리는 없다고 생각했던 것이다. 그리고 몇 년 뒤 프랑스의 물리학자 루이 드브로이Louis de Broglie와 오스트리아의 물리학자 에르빈 슈뢰딩거Erwin Schrödinger가 궤도의 양자화를 설명하기 위해 파동 방정식 모델을 제안했다. 이는 더 이상 원자 주위를 도는 입자가 아니라 진동하는 파동의 영역에 속하게 됨을 의미하는 것이었다. 이 모델은 진동 방식이 서로 다른 기타 줄로 비유할 수 있다. 기타 줄 하나를 튕기면 일정한 진동수(기타 줄의 길이와 팽팽함 등에 따라 결정됨)를 갖는데, 이 각각의 기본 주파수가 음의 높이를 만들어낸다는 의미였다. 이처럼 음의 높낮이가 존재하듯 원자가 내뿜는 에너지에 따라 다양한 전자의 궤도가 존재한다고 예상할 수 있다.

이 슈뢰딩거 방정식 덕분에 방정식의 해인 **파동 함수**를 파악하게 되었으며, 이는 어디에나 전자가 존재할 수 있음을 의미했다. 이 개념을 설명하기 위해 슈뢰딩거 방정식의 해들을 모아 66쪽에 이미지로 표현했다. 여기서 각 영역은 수소 원자가 일정한 에너지 준위를 가질 때 원자핵 주위에는 전자들이(90% 이상) 존재할 가능성이 높다는 것을 뜻한다.

이 자리에서 양자역학 강의를 할 생각은 없다. 그저 양자역학이 갖는 이산적 특성이 물리학 법칙의 결정론적 성격까지 바꾸지는 못한다는 점을 강조하고 싶은 것이다. 우리는 세 가지 운동 법칙으로

전자의 존재 가능성을 90%로 예측한 표면 예시

물체의 움직임을 예측하듯, 명확하게 정의된 수학적 방정식으로 파동 함수의 변화를 추론하고, 그것을 통해 입자의 위치를 예측할 수 있을 뿐이다. 그렇지만 측정도 하기 전에 입자의 위치를 정확하게 파악하기는 불가능하다. 그저 가능성 있는 파동을 꼽아볼 뿐이다.

이러한 양자 세계의 기이함은 그 유명한 사고 실험('슈뢰딩거의 고양이')으로 설명할 수 있다. 고양이 한 마리가 방사능 물질과 함께 상자 안에 들어 있다. 이 물질은 핵분열해 치명적인 독성 물질을 방출할 수 있는 (양자적) 가능성이 있는 상태다. 실험자가 상자의 뚜껑을 열기 전까지 고양이는 여러 상태(살았거나 죽었거나 또는 죽었으면서 살아 있는 상태)로 존재한다.

실험을 통해 정확한 위치를 파악하기 전까지는 전 영역에 걸쳐

90% 확률로 전자가 존재하는 것과도 닮아 있다. 이러한 계산이 끝나야 비로소 양자 상태가 기존의 역학과 비슷해지고, 고양이의 생사도 갈린다. 믿기 힘든 사실이지만, 파동 함수의 진화 방향이 기존의 틀을 따른다는 것과 여기서 뉴턴의 운동량과 에너지 보존 법칙이 완벽히 지켜졌다는 사실을 강조하고 싶다. 우리가 배운 운동 법칙을 벗어난 위치에 존재한 전자는 하나도 없었다. 하지만 그것은 자연이 선택한 것이 아니라 모든 가능성을 열어놓은 것뿐이다.

카오스 이론은 초기 조건이 지니는 민감성 때문에 어떤 계의 진화 과정을 예측할 수 없는 반면, 양자물리학은 최종 상태가 갖는 개연론적 성격 때문에 어떤 계의 진화 과정을 예측할 수 없다. 이 둘 사이 어딘가에 신이나 자유 의지, 온갖 난해한 이론이 자리하는 만큼 이 문제들은 뉴턴의 생각, 더 나아가 물리학적 개념들을 훨씬 넘어선다고 볼 수 있다.

지금까지 다룬 양자물리학에 대한 해석의 문제를 **코펜하겐 해석**이라고도 부른다. 이를 통해 우리는 관찰 대상인 고양이와 대비되는 상자를 여는 사람, 즉 관찰자에게 특별한 위치를 부여한다. 그리고 이 두 대상을 하나의 양자 세계에서 통일시키는 **에버렛의 다세계 해석**도 존재한다. 1957년, 프린스턴 출신의 젊은 물리학자 휴 에버렛Hugh Everett은 관찰자와 고양이의 파동 함수(고양이가 죽은 것을 보았다—고양이가 죽었다)는 또 다른 세상에 존재하는 동일한 관찰자의 또 다른 파동 함수(고양이가 살아 있는 것을 보았다—고양이가 살아 있다)와 나란히 존재한다고 주장했다. 이 원리는 뉴턴의 운동 제3법칙인 작용-반작용의 법칙에서 착안한 것으로, 모든 가능성이 열려 있으며 그에 대한 반작용으로 또 다른 가능성이 생겨난다는 의미를 담고 있다. 이렇게 자연에 딜레마가 생기다 보니 평행 우주가 존재하는 다세계 속에서는 두 개(또는 세 개, 네 개……)의 가능성이 공존하게 되는 것이다.

이쯤에서 물리학의 결정론적 성격을 한번 더 상기해보자. 이는 모든 선택 가능성은 공존하기에 지금 이 순간 책을 읽고 있는 '여러분'조차 여러 평행 세계에서 서로 다른 선택을 하며 살아가고 있으리라는 뜻으로도 해석될 수 있다.

앞에서 살펴본 바와 같이 뉴턴의 운동 법칙들이 지니는 간결함과 정확성은 물리학자들의 연구에 매우 중요한 의미를 가져왔다. 자연의 섭리에 가장 가까이 다가가 그것을 수학적으로 적용 가능한 법칙으로 승화시켰다는 점에서 말이다. 또 그가 필요한 수학적 도구들을 직접 고안해 자신이 만든 방정식의 해를 찾아냈다는 점도 눈여겨봐야 한다. 모든 움직임을 셀 수 없이 작은 움직임들로 세분화할 수 있게 도와준 미분이 있었기에 오늘날 물리학자들이 연구를 이어갈 수 있는 것이다.

하지만 정작 이렇게 한 세기에 한 명 나올까 말까 하는 젊은 천재의 마음속에는 빛의 비밀을 풀고자 하는 열망이 크게 자리 잡고 있었다.

3장

빛이 있으라

삶의 원천이자 성장의 힘인 태양광은 우리가 사는 이 세상을 온갖 혜택과 호의로 채워준다. 하지만 정작 우리는 이 태양광의 성질에 대해 잘 알고 있는가? 뉴턴은 관찰을 통해 이 빛이 색의 스펙트럼으로 이루어져 있다는 사실을 발견했으며, 무지개의 생성 원리를 밝혀내기도 했다.

빛의 작용

오랜 시간 과학자들은 빛의 성질과 시지각visual perception에 관한 연구를 혼동해왔다. 그러다 보니 고대 그리스 철학자들은 눈에서 일종의 불이 나온다고 생각했고, 시간이 지나서는 물체가 눈을 향해 빛을 발산한다고 믿었다. 눈은 그저 **카메라 옵스쿠라**camera obscura처럼 물체의 이미지를 형상화하는 광학계에 지나지 않는다는 생각 때문이었다. 그렇게 빛의 성질과 색의 기원에 대한 해답은 여전히 미궁에 빠져 있었다.

뉴턴은 태양과 같은 발광체가 빛을 내보내는데, 이 빛은 무지개 색깔을 모두 담은 광선으로 이루어져 있으며, 물체에 대한 반사 정도가 달라 그 물체에 색깔을 부여하게 된다고 생각했다. 뉴턴은 빛이 아주 작은 빛 알갱이들로 이루어진 다발, 즉 입자라고 생각했다. 그러나 여전히 빛의 파동성으로 설명해야 할 빛의 간섭 현상이나 회절 현상에 대한 만족스러운 답은 찾지 못했다.

1905년, **광전 효과**에 대한 답을 찾던 아인슈타인은 빛의 진정한 성질을 파악하고, 빛의 파동설과 입자설을 융합하기에 이른다. 양자역학적 시각에서 본 빛은 파동 또는 입자가 아니라 파동이면서 입자였던 것이다.

이 같은 새로운 해석에 힘입어 빛은 시공간을 잇는 교량으로 인식되기 시작했다. 또 그 교량이 어찌나 견고했던지 이제는 시간마저 상대적인 개념으로 바라보게 되었다. 그 결과 아인슈타인은 상대성 이론이라는 먼 훗날 인류사에 한 획을 긋게 될 아주 중대한 개념을 탄생시켰다. 결국 빛다발 하나로 양자 혁명과 상대성 이론이 물리학이라는 무대에 오른 것이다.

이제 마음의 여유를 되찾고 뉴턴의 실험 이야기로 돌아가보자.

빛 분해

1692년, 케임브리지 대학교 트리니티 칼리지에 있던 뉴턴의 아파트에서는 위층까지 타는 냄새가 진동하고 있었다. 그 와중에도 뉴턴은 생각에 잠겨 공책들이 재로 변하는 장면을 물끄러미 바라보고만 있었다. 이제 그에게는 어떤 연구 자료도, 생각의 흔적도, 실험 결과도, 빛에 관한 연구의 측정치나 결과물도 남아 있지 않았다. 실수로 초를 켜둔 채 외출하는 바람에 25년간의 작업이 물거품이 되어버린 것이다.

지천명에 이른 뉴턴의 삶은 순탄치 못했다. 7년 전에 교편도 내려놓았다. 그에게 배우겠다는 학생도 없었을뿐더러, 그나마 있더라도 두 번째 강의부터 치를 떨며 떠났다. 교육자로서 그에게는 매우 경솔하고 감정을 주체하지 못하는, 이해하기 힘든 교수라는 평가가 꼬리표처럼 따라다녔다. 게다가 뉴턴의 업적을 치하하고, 그와 과학에 관해 열띤 논쟁을 벌였던 스위스 출신의 젊은 수학자, 니콜라 파시오 드 뒬리에Nicolas Fatio de Duillier와의 관계도 위태로워졌다. 독설가들이 그를 '뉴턴의 원숭이'라고 부른 것이 화근이었다.

그런 그에게 20년 넘게 해온 연구를 처음부터 다시 시작할 용기가 남아 있었을까? 런던에 창궐한 페스트를 피해 고향인 울즈소프에 온 그에게?

뉴턴이 이 문제에 사로잡혀 있을 때쯤 과학계는 빛이라는 주제에 몰두해 있었다. 당시에는 빛에 대해 제대로 알려진 것이 없어 의견만 분분했다. 빛은 눈에서 나오는 것인가, 아니면 눈은 빛의 수용체에 불과한 것인가? 그것도 아니라면 물체가 색을 발산하는 것인가? 당시 사람들의 머릿속에는 이런 생각들이 자리 잡고 있었다. 남작이 입고 있는 저 긴 옷이 파란색인 것은 그것을 구성하는 천이라는 물질이 발산하는 빛의 색깔 때문이며, 케임브리지에 있는 킹스 칼리지 성당의 스테인드글라스가 다채로운 색을 내는 것이나 나뭇잎이 초록색으로 보이는 것도 같은 이유라고 생각했다. 모든 색은 그것을 발산하는 물체의 성질이 반사된 것이고, 색을 통해 고유의 특성이 드러난다고 생각했다.

그러나 1665년부터 뉴턴은 이러한 관점과 반대되는 실험들을 진행했다. 어두운 방에서 열린 창문 틈으로 들어오는 빛을 유리 프리즘으로 통과시킨 뒤 빛이 벽에 부딪히면서 붉은색에서 주황색, 노란색, 초록색, 파란색, 보라색에 이르기까지 무지개처럼 다양한 색으로 나타난다는 사실을 관찰한 것이다.

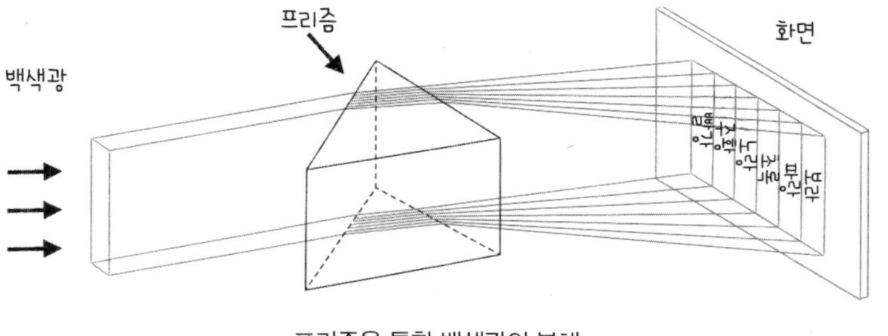

프리즘을 통한 백색광의 분해

그렇다면 우리 눈이 몇천 년간 봐온 이 백색의 태양광이 유리로 된 투명한 다면체인 프리즘을 통과하면서 생긴 이 색깔들은 과연 어디에서 오는 걸까?

《 빛은 서로 다른 굴절성을 가진 광선들의 집합이므로 균일하지 않다. 》

아이작 뉴턴, 케임브리지 대학교에서 1672년 2월 6일 쓴 서신

뉴턴은 지금까지 빛에 대해 알려진 사실들이 틀렸음을 밝혀내고, '가시광선의 모든 색이 합쳐져 백색광이 된 것은 아닐까?' 아니면 '알 수 없는 메커니즘에 의해 이 프리즘이 빛을 분해하고, 창틈으로 들어온 빛의 모든 색깔을 추출해내는 것은 아닐까?' 하는 생각에 이르렀다.

이를 명확히 밝혀내기 위해 뉴턴은 이와 같은 실험을 진행했다. 크기가 다른 구멍으로 들어오는 태양광을 두께가 다른 유리 조각들로 통과시키는 것이었는데, 거기서 나오는 스펙트럼에 변화가 없자 뉴턴은 '결정적 실험'을 단행했다. 첫 번째 프리즘으로 백색광을 통과시켜 얻은 보라색 광선은 따로 떼어놓고 두 번째 프리즘을 그 사이에 놓았으나 빛은 여전히 보라색이었다. 결국 뉴턴은 프리즘이 아니라 빛에 내재된 고유한 특성으로 인해 색이 만들어진다는 생각에 이르렀고, 렌즈로 모든 색의 광선을 다시 하나로 모아 백색광을 만들기까지 했다. 이것으로 그가 품고 있던 모든 의문은 풀린 셈이었다. 백색광은 서로 다른 색을 내는 빛들의 합이었던 것이다.

금성에 사는 생명체?

2020년 9월, 미국항공우주국NASA 연구 팀이 금성에서 생명체의 잠재적 흔적을 발견했다는 내용이 보도되었다! 생명체가 유기물을 분해하는 과정에서 발생하는 물질로 알려진 포스핀PH_3 분자가 금성의 대기에서 검출[1]된 것이어서 의미가 컸다. 그런데 과학자들은 어떻게 이 먼 곳에서 금성의 대기를 연구할 수 있었을까?

1800년대부터 물리학자들은 흥분 상태에서 발산하는 빛이나 불로 비췄을 때 흡수하는 빛을 통해 가열된 기체 원자를 구분할 수 있다는 사실을 알고 있었다.

빛이 방출되거나 흡수될 때 마치 바코드처럼 특별한 양상을 보이는데(선 스펙트럼), 이것은 빛이 분해될 때 나타나는 일종의 '서명'이다. 1859년, 독일의 물리학자 로베르트 분젠Robert Bunsen과 구스타프 키르히호프Gustav Kirchhoff는 이러한 특성에 착안해 마치 물질을 화학적으로 분석하듯이 빛을 스펙트럼으로 분석하는 분광학의 기틀을 마련했다.

그 덕분에 우리는 지구에서 몇백만 킬로미터 떨어진 곳에 있는 별들이 우리에게 보내는 빛을 분석해 별들의 화학적 구성 성분을 파악하고, 광구에서 방출된 빛이 대기를 통과할 때 그곳에 흡수된 파장 범위만으로 태양과 같은 천체의 대기 성분을 파악할 수 있게 되었으며 행성이 반사시키는 햇빛과 온도 상승 시 방출하는 복사열을 연구해 그 성분을 밝혀내게 되었다.

햇빛에 비친 나뭇잎이 초록색으로 보이는 이유는 나뭇잎 속에 들어 있는 엽록소가 주위에서 반사되는 초록색 광선을 제외한 모든 가시광선을 흡수하고 남은 초록색 광선을 우리 눈에 전달해주기 때문이다. 그러면 뇌는 그것을 초록색이라고 인지한다.

뉴턴은 태양광을 프리즘으로 분해함으로써 훗날 화학과 천체물리학의 밑거름이 되는 분광학적 분석법에 결정적 실마리가 되는 실험을 한 것이다(74쪽 글 상자 참고).

무지개의 비밀

1704년에 뉴턴은 앞서 언급한 연구 결과들을 『광학 또는 빛의 반사, 굴절, 변곡, 색채에 관한 연구Opticks, or a Treatise of the Reflexions, Refractions Inflexions and Colours of Light』(이하 『광학』)를 통해 발표했다. 이는 연구가 진행된 지 한참 후에 발표된 것으로, 훗날 『프린키피아』에 버금가는 유명한 저작으로 평가받았다. 이 책에 수록된 모든 아이디어는 1692년에 탄생한 것으로, 추후에 영어로 쓰여 교육용 자료로 사용되기도 했다. 쉽게 풀어 썼다는 장점 덕분에 뉴턴은 이 책으로 가장 큰 성공을 맛보았다. 뉴턴은 이 책에서 빛에 대한 시각과 광학의 기본 원리에 대해 비교적 명확하게 설명하고 있다. 빛을 자신이 만든 운동 법칙에 의해 움직이는 아주 가벼운 입자들의 총합으로 묘

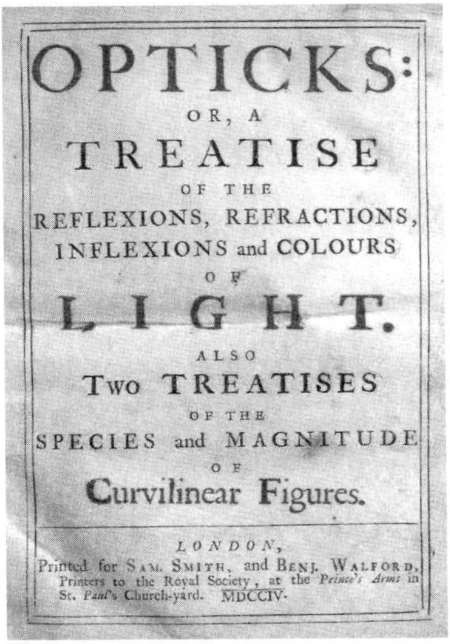
OPTICKS:
OR, A
TREATISE
OF THE
REFLEXIONS, REFRACTIONS,
INFLEXIONS and COLOURS
OF
LIGHT.
ALSO
Two TREATISES
OF THE
SPECIES and MAGNITUDE
OF
Curvilinear Figures.

LONDON,
Printed for SAM. SMITH, and BENJ. WALFORD,
Printers to the Royal Society, at the *Prince's Arms* in
St. *Paul's* Church-yard. MDCCIV.

뉴턴이 프리즘에 의한 빛의 분해 효과와 무지개의 형성에 관해
설명한 『광학』(1704) 초판본 표지

사하며, 이 입자들은 두 매질 사이에 존재하는 경계면에 닿을 때처럼 움직임을 방해하는 외력(경로가 바뀌기도 한다)이 없는 한 일직선으로 움직인다고 주장한다. 프리즘 실험 결과에 따라 뉴턴은 이 힘이 유리와 같은 일부 매질에만 작용하며, 색채에 따라 그 강도가 달라진다고 생각했다. 보라색은 빨간색에 비해 더 많이 굴절되기 때문에 빨간색 빛보다 보라색 빛에 가해진 힘이 더 강하다고 결론 내린 것이다.

뉴턴은 프리즘의 표면에서 빛다발이 굴절되는 것처럼 보이게 만드는 이 낯선 힘의 성질에 대해서는 자세히 설명하지 않았다. 뉴턴은 이 낯선 힘이 무거운 물체를 땅으로 잡아끄는 중력과 같은 특성

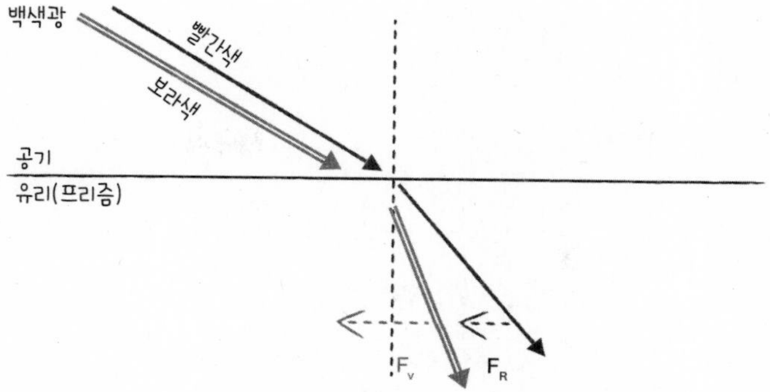

뉴턴은 빛이 여러 종류의 입자로 구성되어 있으며, 이 입자들이 유리와 같은 매질 속에 들어 있는 힘의 영향을 받는다고 생각했다. 이 힘에 의해 입자들이 수직축의 경계면 쪽으로 당겨지는데, '보라색 입자'의 힘을 나타내는 F_V의 강도가 세고, '빨간색 입자'의 힘을 나타내는 F_R의 강도가 더 약해 위와 같이 F_V가 더 많이 꺾인다고 믿었던 것이다.

을 지닌다고 생각했다.

뉴턴은 거기서 멈추지 않고 햇빛과 비의 합작으로 생기는 무지개, 그 장엄한 자연 현상에 대한 설명을 찾아내기도 했다. 사실 무지개에 관한 신화나 전설은 무궁무진하다. 대홍수 이후 신과 인간 사이에 맺어진 무지개 언약은 평화의 상징이 되었고, 마야 문명에서는 구름의 지배자가 가둬놓은 뱀을 의미했으며, 스칸디나비아에서는 천상의 왕국과 지상의 세계를 이어주는 다리가 되었다. 또 아일랜드에는 레프러콘이라는 요정이 무지개 끝에 황금 항아리를 숨겨두었다는 민속 설화가 전해 내려오기도 한다.

그렇다고 뉴턴이 무지개의 생성 원리에 대해 신화적으로 접근한 것은 아니었으나 그의 설명은 신화만큼이나 신선하고 흥미로웠다.

빛의 굴절과 분산

물이 들어 있는 컵에 빨대를 넣으면 빨대 중간 부분이 마치 꺾인 듯이 분할되어 보인다. 이것만으로도 빛의 굴절은 충분히 설명할 수 있기에 굳이 프리즘까지 동원할 필요는 없을 것이다. 이는 물과 허공을 관통하는 빛이 계면interface과 맞닿아 굽어져 생기는 현상으로, **굴절**이라고 부른다. 빛이 항상 직진한다고 생각하는 우리의 뇌는 이러한 현상에 속아 빨대가 꺾였다고 믿는 것이다.
그뿐만 아니라 색에 따라 굴절 각도가 달라지는 매질을 만나면 빛은 **분산**된다. 진공을 제외한 모든 매질과 만났을 때 빛은 어느 정도 분산되는데, 공기가 아닌 물이나 유리와 만나면 분산 경향이 강해진다.

뉴턴은 각각의 빗방울이 소형 프리즘 역할을 하기 때문에 폭우가 온 뒤 무지개가 잘 만들어지는 것이라고 생각했다. 빗방울과 만난 백색광은 굴절로 분해되고 반사되어 관찰자의 눈에 보이는 것인데, 이때 태양광을 등지고 선 이는 빨간색에서 보라색까지 분리된 모든 색이 담긴 아치 모양의 신기루를 목격하는 것이다. 여기에 나타난 보라색 빛은 빨간색 빛보다 더 많이 굴절되기 때문에 수평선을 기준으로 빨간색보다 더 아래로 보인다(79쪽의 그림 a 참고). 또한 뉴턴은 쌍무지개가 나타났을 때 1차 무지개보다 그 위에 생긴 2차 무지개의 선명도가 낮은 것은 두 번의 반사로 빛의 세기가 약해졌기

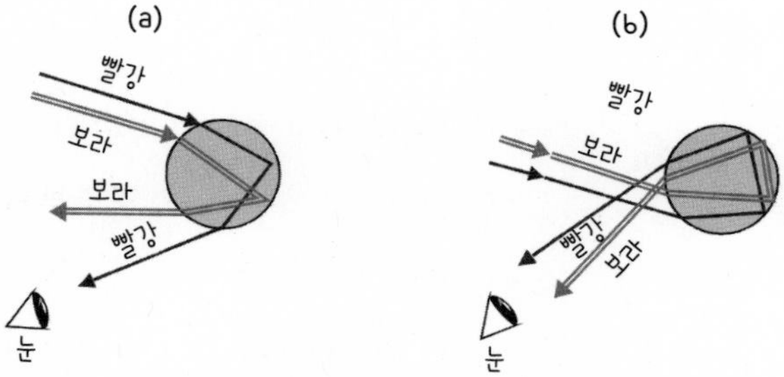

빗방울 속에서 백색광이 분해되며 만들어지는 무지개 1차 무지개(a)와 2차 무지개(b)

때문이라고 설명했다(그림 b 참고). 물론 두 번의 빛 반사로 인해 1차 무지개와 2차 무지개는 색 배열 순서도 반대가 된다. 이론적으로는 빗방울 속에서 추가로 반사가 일어나면서 더 많은 무지개를 만들 수 있으나(선명도는 낮아지지만) 실제로 관찰되는 경우는 극히 드물다.

뉴턴은 빛의 **회절**diffraction과 같은 현상을 '빛의 입자설'로 설명할 수 없다는 것을 깨달았다. 빛은 작은 장애물이나 아주 작은 통로라도 만나면 마치 그 이동 경로를 교란시키려는 듯 특별하게 반응하기 때문이다.

이렇게 뉴턴이 백색광을 분해하여 관찰한 것은 빛이 입자 다발로 이루어져 있을 경우 벽에 부딪혀 생길 수 있는 빛과 그림자의 명확한 경계선이 아니라 명암이 교차되어 만들어내는 모습에 가까웠다. 여러분도 살짝 열린 문틈으로 들어오는 빛을 관찰해 이 실험에 동참해보기 바란다. 결국 뉴턴은 '빛의 입자설'의 한계에 부딪혀, 이 현상에 대한 합리적 해석을 찾지 못했다.

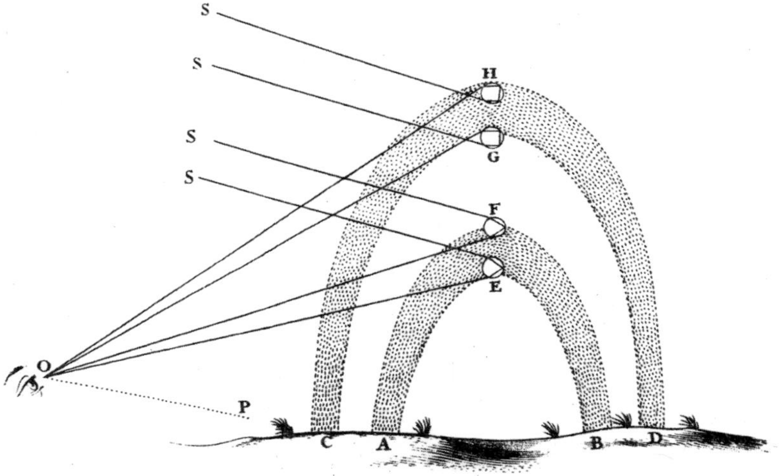

무지개의 생성 원리. 뉴턴의 『광학』(1704)에 실린 이미지

빛의 파동설

뉴턴의 『광학』이 출간된 지 100년이 넘었음에도 '빛의 입자설'의 입지가 너무나 확고해 이에 의문을 제기하는 경우는 드물었다. 그러던 1818년 어느 날 프랑스 과학원에 뉴턴의 입자설을 반박한 『빛의 회절에 관한 논문Mémoire sur la diffraction de la lumière』이 도착했다. 그로부터 1년 전, 과학원은 빛의 회절 현상의 원인을 찾는 이에게 상을 수여한다는 내용을 공지했는데, 서른 살의 젊은 이공계 졸업생 오귀스탱 프레넬Augustin Fresnel과 천문학자 프랑수아 아라고François Arago

가 논문을 제출한 것이었다.

프랑스 과학원 창립 회원이었던 네덜란드 출신 물리학자 크리스티안 하위헌스Christian Huygens는 이미 1672년에 알 수 없는 힘에 의해 빛의 입자 다발이 계면에 닿아 굴절된다는 '빛의 입자설'은 논란의 여지가 있으며, 장애물을 통과할 때 생기는 명암의 교차 현상과 빛의 윤곽 등은 빛의 파동성으로 설명해야 한다고 주장했다. 높은 파도가 일어 해수면이 넘실거릴 때도 방파제에 닿으면 일렁임이 사라지는 것과 같은 원리라고 여긴 것이다. 그러나 뉴턴의 확고한 명성에 묻혀 하위헌스의 주장은 빛을 보지 못했다. 사실 당시 과학자들은 이미 빛의 파동설에 대한 수많은 증거를 수집하고 있었다. 1801년, 영국의 젊은 의사 토머스 영Thomas Young은 두 개의 슬릿(가느다란 틈) 사이로 빛다발을 통과시키는 당시로서는 엉뚱한 실험(훗날 '영의 이중 슬릿 실험' 혹은 '빛의 간섭 실험'으로 알려진다)을 설계했다.

뉴턴의 주장이 옳다면 빛은 입자로 구성되어 있고 직진하기 때문에 82쪽의 그림 a처럼 동떨어진 위치에 **두 개**의 밝은 줄이 나타날 것이고, 영의 주장이 옳다면 그림 b처럼 좁은 간격으로 늘어선 여러 개의 줄이 보일 거라고 예상했다. 그런데 이상하게도 가장 밝은 줄이 스크린 중앙에 있었다. 그곳은 빛 입자가 슬릿을 통과할 때 급격한 방향 전환(그렇다면 그 이유는 무엇인가?)을 하지 않고서는 도달할 수 없을 것으로 예상한 부분이었다. 그러자 영은 빛의 파동성 때문에 급격한 방향 전환이 가능한 것이라고 판단했다.

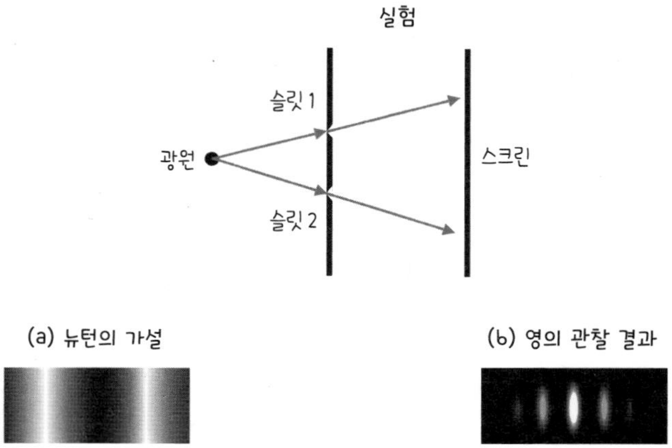

영의 이중 슬릿 실험 설계도와 빛의 입자성을 나타내는 결과물(a)과
빛의 파동성을 나타내는 결과물(b)

두 개의 슬릿이 각각 새로운 빛의 파원이 되고, 두 개의 파동이 섞여 간섭하는 것이라고 결론 내렸다. 스크린을 살펴보면 군데군데 파동 두 개의 고점이 합쳐져 밝게 나타나는 부분과 파동의 고점과 저점이 서로 상쇄되어 어둡게 보이는 부분이 있다. 그러나 이러한 해석도 오귀스탱 프레넬이 그때까지 밝혀진 모든 광학 현상을 아우르는 수학 모델을 제시해 빛의 파동성을 입증하기 전까지는 하나의 가설에 지나지 않았다. 오귀스탱 프레넬은 뉴턴의 『광학』 일부분을 정반대 관점으로 해석해 재집필하기도 했다. 뉴턴의 사상에 젖어 있던 대부분의 프랑스 과학원 심사위원 입장에서는 엄청난 도전에 직면한 셈이었다.

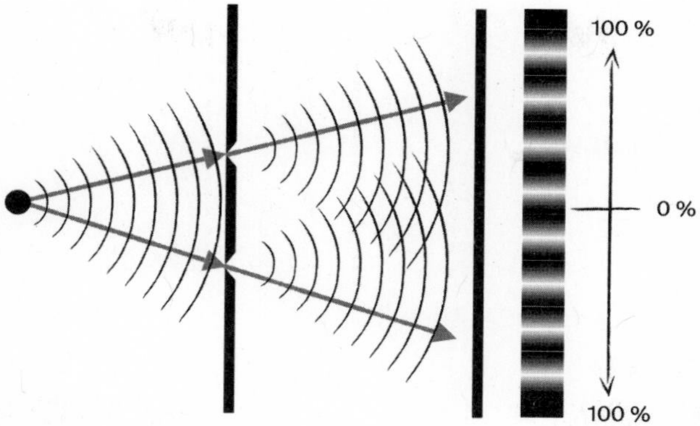

이중 슬릿 실험의 해석. 빛의 파동이 전달되는 모습이
파면(파동이 진행할 때 특정 시간에 같은 변위를 가지는 점들을 이어서 만든 선)으로
나타나고 있다.

심사위원단은 이 논문을 오랜 시간 검토했다. 당시 저명한 수학자 시메옹 드니 푸아송Siméon Denis Poisson은 이를 터무니없는 주장으로 여기고 작은 공을 비춰 생긴 그림자의 중간에 밝은 지점이 생기는지 관찰해 프레넬 방정식의 시시비비를 가리자고 제안했다. 프레넬은 푸아송의 말을 있는 그대로 받아들이고 자신의 멘토인 아라고의 도움을 받아 실험을 진행했다. 지름이 몇 밀리미터 정도 되는 구슬을 중간에 두고 빛다발을 쏘니 몇 미터 떨어진 곳에 세워진 스크린에 그림자가 생겼다. 그리고 그림자 중간에 밝은 부분이 확연히 보였다!

뉴턴 가설의 모순을 마주한 과학원은 프레넬의 주장을 받아들일 수밖에 없었다. 1819년, 과학원은 프레넬에게 상을 수여했고, 몇 년

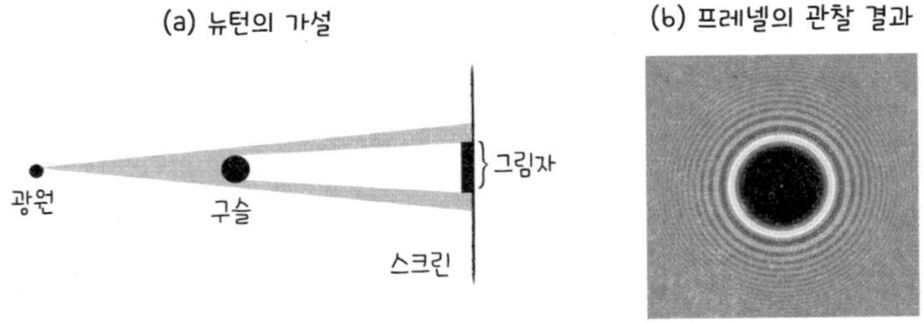

프레넬은 구슬에 의해 생긴 그림자 중간의 밝은 부분을 확인함으로써 빛의 파동설을 증명했다.

뒤에는 과학원 내 자리까지 제안했다.

이로부터 약 1세기 동안 빛의 파동설은 정설로 여겨져왔다. 그러나 빛의 파동이 가진 특성은 여전히 미지의 세계에 속해 있었다. 이제, 물리학자들에게는 **빛**과 **전기**, 그리고 **자성**, 공통점이 없어 보이는 이 세 가지 현상의 관계를 밝혀내야 하는 임무가 주어진 것이다.

패러데이의 전자기장

이번 장을 집필하기에 앞서, 내가 빛의 현상들을 잘 이해하기까지 세 과학자의 공헌이 지대했다는 점을 밝히고 싶다. 그중 한 명이 스코틀랜드 출신 물리학자 제임스 클러크 맥스웰James Clerk Maxwell이다. 그는 노련한 실험자인 마이클 패러데이Michael Faraday가 몇 년 전 이미 직관적으로 알아낸 '전자기장electromagnetic field'의 개념을 수학적으로 정립한 인물이다. 1821년에 패러데이는 **필드 라인**field lines을 발견했는데, 이는 전기와 자기의 힘이 영향을 미치는 공간(그 힘을 온전히 다 받는 것은 아닐지라도)에 모여 있는 보이지 않는 선들을 의미했다. 독일 출신 엔지니어 하인리히 헤르츠Heinrich Hertz가 맥스웰이 묘사한 전자기 현상이 빛에서 비롯된 것임을 증명하는 실험을 한 것도 1880년대에 들어서다.

패러데이는 찰스 디킨스Charles Dickens나 빅토르 위고Victor Hugo 같은 대작가의 소설에 등장할 법한 굴곡진 인생을 살았다. 런던 외곽에서 태어난 그는 가난하지만 정다운 가족과 어린 시절을 보냈다. 대장장이였던 아버지는 가족들이 겨우 입에 풀칠할 정도의 밥벌이를 했고, 패러데이는 청소년 시절에 작은 서점에서 제본공으로 일하기도 했다. 거기서 그는 과학 서적에 큰 관심을 보이며 손에 잡히는 대로 책을 탐독했는데, 결과적으로 그것이 패러데이가 받은 유일한 교육이 되어버렸다. 그는 우연한 기회에 런던왕립학회 소속 화학자 험프리 데이비Humphry Davy의 조수가 되었고, 덴마크 출신 과학자 한스 크리스티안 외르스테드Christian Øersted가 진행한 실험에 대해 알게 되었다. 그것은 백금 전선에 전류가 흐르면 주변에 있던 나침반의 바늘이 움직인다는 사실을 밝혀낸 신기한 실험이었다.

패러데이는 이 분야를 더욱 심도 있게 연구하기 위해 새로운 실험을 설계했다. 이를 통해 전선을 세로로 놓고 전류를 흘려보내면 자기력magnetic force이 발생해 주변에 있는 자석이 회전한다는 사실

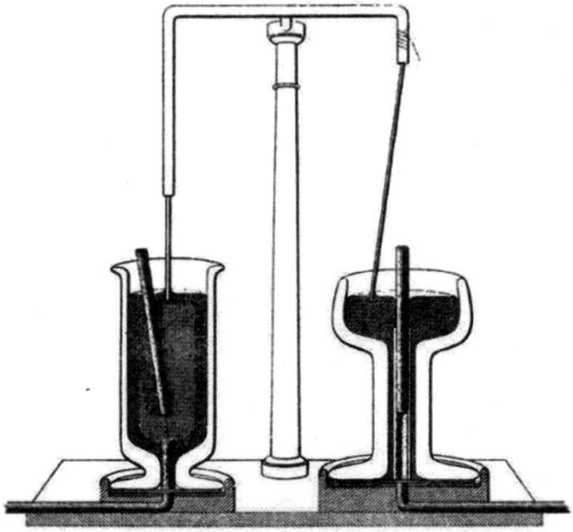

패러데이의 실험. 수직으로 연결된 구리선으로 전류를 흘려보내면
수은(전도체) 안에 담긴 자석이 빙글빙글 돌아간다(왼쪽). 고정된 자석 주변으로 구리선이
빙글빙글 돈다(오른쪽). 이로써 패러데이는 세계 최초로 발전기를 발명했다.

을 확인했다. 그는 거기서 멈추지 않고 중간을 비운 구리 코일에 자석을 통과시키면 전류가 발생한다는 사실도 알아냈다. 즉, 코일 속에 자석을 넣고 뺄 때 전류가 발생하는데, 코일 안에 자석을 넣더라도 움직임 없이 고정되어 있을 때는 전류가 사라진다는 사실을 세계 최초로 발견한 셈이었다.

이것은 백금 전선에 전류가 흐를 때 나침반 바늘이 움직이는 것을 보고 자석의 움직임이 전류를 만들어낸다는 것을 발견한 외르스테드의 실험 결과와 일맥상통하며, 전기와 자기를 이어주는 자석 혹은 전자의 이동을 의미했다.

전기 생산

코일 속 자석을 움직임으로써 패러데이는 최초의 **직류** 발전기를 만들어냈다. 이로써 인류는 역학 에너지로부터 전기 에너지를 생산하게 되었다.

그 후 우리는 200년이 지난 지금까지도 전자기 유도 현상에 기반을 둔 발전기를 쓰고 있다. 자석이나 전자석과 같은 자기 요소가 물의 낙하나 풍력발전기의 날개, 터빈에 의해 회전하며 그것을 감싸고 있는 고정된 구리 코일 안에서 전기를 생산하는 원리다.

그러나 호기심이 많은 패러데이는 실험으로 만족하지 않았다. 그는 전류원 근처에서 자석을 돌리는 이 힘의 특성을 이해하고자 했다. 그는 힘의 근원지와 가깝든 멀든 간에 모든 물체를 즉각적으로 움직이게 만들 수 있다는 뉴턴의 주장에 동의하지 않았다.

뉴턴은 역학의 근본 원리를 설명할 때 어떤 물체에 얼마 동안 힘을 줘야 하는지 정확히 명시하지 않았다. 아마도 상호작용은 즉각적으로 이루어진다는 생각 때문이었을 것이다. 그러나 패러데이는 자기력의 효과를 확실히 증명할 방법을 고안해냈다. 자석 주변에 철가루(철을 줄질해서 나온 가루)를 얇게 펼쳐놓았더니 이 철가루들이 마치 자석의 한쪽 극에서 나와 다른 쪽으로 옮겨가는 듯한 모양을 만들어냈던 것이다.

패러데이는 이 빈 공간을 **역선**line of force이라 부르는 선들이 지속

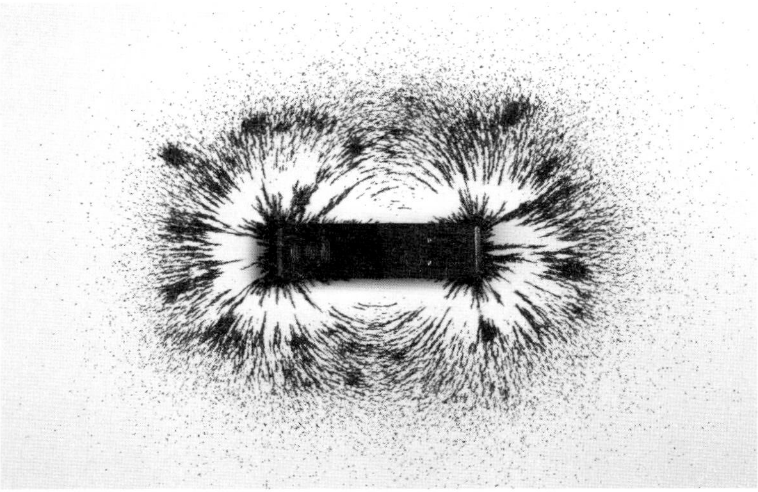

자석 주변에 놓인 철가루는 자기력선을 따라 방향을 틀었다.

적으로 가로지른다는 사실을 깨달았다. 알고 보니 이 공간은 정전하 주위에 생기는 **전기장**과 자극磁極 주위에 생기는 **자기장**, 질량에 의해 발생되는 중력장 등 여러 장으로 가득 차 있었다.

패러데이는 이 역선들을 통해 먼 거리에서는 즉각적으로 힘이 작용할 수 없음을 증명할 수 있다고 생각했다. 멀리 떨어져 있는 지구와 태양의 경우에도 서로 영향을 주고받지 않는다고 생각해 태양을 둘러싼 중력장 내에서 역선을 따라 움직이는 지구의 모습을 시각화하여 설명하기도 했다. 이것은 마치 자석 주변에 붙은 철가루처럼 역선을 따라가는 전하를 띤 입자들의 모습과도 같았다. 그만큼 지구는 이 중력장에 대해서만 민감하게 반응하고, 1억 5천만 km

밖에 있는 태양의 존재에 대해서는 잘 알지 못한다고 생각한 것이다. 또 그는 이 중력장을 우주 전체에 영향을 미치는, 에너지를 가진 존재라고 여겼다. 이처럼 뉴턴의 이론 전반에 걸쳐 등장하는 힘이라는 개념에 의문을 제기했다는 점과 힘을 장의 개념으로 대체했다는 점에서 패러데이의 독창성을 엿볼 수 있다.

> « 진공 상태라는 것은 물질이 없는 상태를 의미하는 것이지 장field까지 없어졌다는 뜻은 아니다. »
>
> 존 휠러John Wheeler,
> 현대 물리학자, 중력 전문가

그러나 불행히도 동시대 과학자 가운데 패러데이의 주장을 지지하는 이는 많지 않았다. 그가 자신의 이론을 중력에 적용하려 했을 때는 특히 더 그랬다. 어쩌면 수학에 대한 그의 무지함이 동료들과 그를 갈라놓는 계기가 되었을지도 모른다. 사실 그는 뉴턴 이론의 열렬한 지지자이자 기호 계산의 달인인 라플라스 같은 이들과는 비교도 할 수 없을 정도로 수학 실력이 부족했다. 동시대 과학자 가운데 딱 두 명, 물리학자 윌리엄 톰슨과 맥스웰만이 그의 의견에 동의했다. 이제 패러데이에게는 이론 물리학이 자랑하는 업적 가운데 하나인 장의 개념을 수학적으로 해석하는 일만 남아 있었다.

맥스웰의 방정식

맥스웰이 수학이라는 멜로디로 파동 교향곡을 완성하기까지는 20여 년의 시간이 필요했다. 그 과정에서 그는 다행히도 방정식이라는 완벽한 도구를 만들었고, 그 덕분에 힘든 공연도 마칠 수 있었다. 아인슈타인 자신이 과학계 선현들과 구분되는 특출 난 과학자로 자리매김하게 된 이유를 "뉴턴보다는 맥스웰의 어깨에 앉아 있었기 때문"이라고 대답한 것도 같은 맥락일 것이다.

맥스웰의 방정식에는 전기장을 뜻하는 *E*와 자기장을 의미하는 *B*라는 새로운 개념이 등장한다. 이 수학적 대상들은 **벡터장**vector field이라 불리는 것으로, **벡터값**(시간에 따라 변화 가능) 크기와 현재 방향, 미래 진행 방향을 고려해서 공간을 정의하며, 여기서는 자기장 벡터와 전기장 벡터가 쓰인다. 이제 패러데이가 관찰한 필드 라인이 무엇인지 파악할 수 있게 되었다. 여기서 말하는 필드 라인이란 한 지점에서 시작해 벡터장이 이끄는 방향에 이르는 그 경로를 가시화한 것이며, 필드 라인은 하나의 구역에 국한되어 존재할수록 그곳에서의 필드가 강력해진다.

맥스웰의 방정식을 통해 전하는 자기 주변에 전기장 *E*를 생성하고, *E*는 동일 부호에서 나오는 전하는 밀어내고 반대 부호에서 나오는 전하는 당기면서 해당 공간 안에 펼쳐진다는 사실을 알 수 있다. 자석의 경우에는 자기장 *B*를 만들어내는데, 전기와 자성은 본질적으로 연관되어 있기 때문에 전하는 이동하면서 자기장을 만들어내고 자석은 이동하면서 전기장을 만들어낸다. 결과적으로, 코일 안에 전류가 흐르는 것은 바로 이 때문이다.

전기와 자기 현상이 만나 **전자기학**Electromagnetism이라는 새로운 물리학의 줄기가 탄생한 것이다. 하지만 정말 놀라운 일은 이제부터다……. 패러데이는 나이가 들어서야 맥스웰의 연구 결과를 살펴보았다. 패러데이가 맥스웰의 방정식에 나오는 모든 수학적 지식을 완벽하게 이해한 것은 아니지만, 스코틀랜드 출신인 맥스웰에게 보낸 편지에는 이런 내용이 적혀 있었다. "이번 여름에는 자기 작용magnetism의 속도에 관한 실험을 했으면 하네. 상호작용하는 시간은 빛의 속도만큼이나 빠를 거야." 패러데이는 전자기장을 이루는 모든 필드 간의 상호 작용은 뉴턴의 예상대로 즉각적으로 전파되는 것이 아니라 유한한 속도, 즉 **빛의 속도**로 전파된다고 가정했다.

맥스웰은 이 필드 내에서 파동이 주변으로 전자기적 교란을 전달한다는 내용의 모델을 만들었는데, 여기서 파동은 사실…… 전자기파를 의미했다. 하나의 파동이 여러 개의 전파 속도를 갖는 것은 매질에 따라 다르기 때문이라는 사실은 알려져 있었다. 예를 들어, 소리는 공기 중에서 1초에 344m를 가는데, 물속에서는 1초에 1,480m, 얼음에서는 초당 3,200m를 간다.[2] 매질의 탄성이 클수록 음파의 전파 속도는 느려진다.[3] 이때 맥스웰은 전자기파가 **에테르**ether라는 가상의 매질을 통과한 것이며, 이는 공기보다 농도가 훨씬 낮아 지금껏 발견되지 못했을 거라고 추측했다. 이 모델 덕분에 그는 여러 매질의 탄성계수modulus of elasticity를 파악하고, 그들(유리, 물, 공기 등) 간의 전자기파 전파 속도를 계산해낼 수 있었다. 독일에서 측정된 속도가 거의 빛의 속도에 육박하는 것으로 나왔을 때도 그는 태연했다. 그리고 몇 년 뒤인 1861년에 연구 결과를 글로 발표했다 (맥스웰이 직접 밑줄을 긋기도 했다).

> 우리는 빛이 같은 매질을 관통하는 파동들로 구성되며, 이것이 바로 전자기 현상의 원인이 된다는 사실에서 벗어날 수 없다.

이제 그들 간의 관계가 밝혀진 것이다. 프레넬이 주장한 것처럼 빛은 파동성만 가진 것이 아니라 패러데이가 발견하고 맥스웰이 묘사한 대로 전자기장의 진동에 의한 결과물인 것이다. 빛과 전기, 자성은 동일한 프리즘의 세 가지 얼굴이라는 것이 밝혀진 셈이다.

1879년, 맥스웰의 사망 당시 그가 정립했던 훌륭한 전자기파 이론은 아쉽게도 실험으로 입증되지 못한 상태였기 때문에 1887년부터 헤르츠가 바통을 이어받아서 전파 속도를 측정했다. 헤르츠는 그의 표현대로 '일종의 전기 소리굽쇠'를 사용해 전자기파를 발생시켰다. '소리굽쇠'란 발신기를 뜻하는데, 여기서는 코일과 연결된 황동구 두 개에 해당했다. 이 두 황동구의 양 끝에 스파크를 일으켰더니 전자기파가 발생해 실험실 안에 퍼졌다. 그 후 헤르츠는 수신기가 있는 쪽으로 실험 도구를 옮겼는데, 여기서 말하는 수신기란 황동 구 두 개로 이루어져 있으나 전원과는 연결되지 않은 도구들을 의미했다.

헤르츠는 수신기를 발신기에서 몇 미터 떨어진 곳으로 옮길 때 마치 전기가 실험실 전체를 관통하듯이 전류가 생성되는 것에 주목했다. 헤르츠는 발신기에 딸린 두 황동 구의 간격을 조절해가며 거기서 방출된 전류의 **주파수**, 즉 두 개의 구 사이를 오갈 때 최고치가 초당 몇 번 나오는지 계산해 확정할 수 있었다. **파동의 길이**(두 최고점 사이 거리)를 측정하기 위해 실험실 내에서 수신기의 위치를 옮겨가며 최고점과 최저점을 측정했다. 이 측정치를 통해 전자기파의 전파 속도를 계산한 것이다. 사실 두 최고점 사이 거리는 1초에 한 지점을 지나는 최고점의 개수(주파수)로 곱하면 된다. 이를 통해 1초 동안 최고점에 다다른 거리, 즉 속도를 알 수 있다. 결국 헤르츠는…… 빛의 속도를 얻었다. 이것으로 입증은 끝났다.

헤르츠의 실험 장치를 통해 라디오와 TV를 만드는 기술의 핵심인 저주파 전자기장(훗날 '헤르츠파'로 불린다)이 탄생했다. 이는 정보를 발신기에서 수신기로 광속으로 실어 나를 수 있는 헤르츠파의 속도 덕분에 가능했다.

패러데이의 가설에서부터 헤르츠의 실험과 맥스웰의 방정식 덕분에 베일에 가려졌던 빛의 특성이 조금씩 모습을 드러내기 시작했다. 이로써 빛은 전자기파로 발현되며 헤르츠파에서 X선에 이르는 광대한 스펙트럼 가운데 일부분인 가시광선에 해당한다는 것이 밝혀졌다. 그러므로 빛은 전자기 현상의 산물인 것이다.

이로써 1890년, 빛의 입자 모델은 역사의 뒤안길로 사라졌다. 그러나 15년 뒤, 스위스 베른의 특허국 2급 심사관이 여기에 관여하면서 상황은 달라졌다.

양자 빛

1905년에 아인슈타인은 친구인 콘라트 하비히트Conrad Habicht에게 이런 편지를 보냈다.

> 내가 하는 작업 중 네 개를 자네에게 보내겠네. 첫 번째 작업은 머지않아 보낼 수 있을 걸세. (…) 빛의 에너지적 특성과 복사에 관한 건데, 곧 알게 되겠지만 매우 혁신적인 연구라네.

이 편지에서 아인슈타인은 그해 작성하던 네 개의 논문 가운데 하나의 혁신적인 특성을 유난히 강조하고 있다. 12쪽짜리 이 논문은 이 분야에서 꽤 영향력 있는 잡지 『물리학 연보Annalen der Physik』에 실렸다. 사실 이 논문은 당시 관심 대상에서 살짝 벗어난 현상을 다루었다. 하지만 아인슈타인은 어떤 이유로 이 연구가 빛에 대한 인류의 인식을 확 바꿔놓을 거라고 예상했을까?

모든 것은 앙리 베크렐(퀴리 부부와 함께 방사선을 발견한 과학자)의 아버지 에드몽 베크렐Edmond Becquerel에게서 시작되었다. 1839년, 그는 일부 전도체를 빛에 노출시키자 전류가 발생한다는 사실을 알아냈다. 광원 앞에 색을 입힌 필터를 놓고 진행한 실험에서 빨간색일 때보다 파란색일 때 더 많은 전류가 나온다는 사실을 관찰한 것이다. 빨간색 파장은 700nm(나노미터), 파란색 파장은 450nm로 길이에 차이가 있었다. 베크렐은 장파 방사선일 때보다 단파 방사선이 전도체를 비출 때 쉽게 방전된다는 사실을 알아냈다.

헤르츠도 전자기파의 전파 속도를 측정할 때 이와 유사한 현상을 관찰한 바 있다. 수신기에 달린 두 개의 구 사이에서 발생하는 스파크의 길이를 좀 더 쉽게 측정하기 위해 둥근 유리창이 달린 암흑상자 안에 실험 기구를 넣은 것이다. 그러자 스파크가 더 짧게 일어났다. 하지만 그는 놀라지 않았다. 오히려 그 둥근 창이 유리가 아니라 석영일 때 스파크는 원래 크기로 돌아왔다.

그렇다면 그 안에서 대체 무슨 일이 있었던 걸까? 석영과 달리 유리는 초단파(10~400nm) 자외선 복사를 흡수한다. 헤르츠는 자외선이 전자기장 스펙트럼의 나머지 부분에 비해 훨씬 더 센 전류를 생산한다는 결론에 이르렀고, 1887년 7월에는 이와 같이 그 결과를 발표했다. "한동안 저는 원거리에서도 상호작용할 수 있는 새로운 형태의 전기를 발견한 것 아닌지 자문해보았습니다."

얼마 지나지 않아 그의 조수 빌헬름 할박스Wilhelm Hallwachs는 자외선이 '음전기 손상(수신기에서 음전하를 방출시키는 것)'을 유도해 중성인 금속이 양전하를 띠게 만든다는 실험으로 이전의 관측을 확증했다. 하지만 전자(음전하)가 아직 발견[4]되기 전이었기 때문에 그것이 의미하는 바를 알지 못했다. 그러나 이를 현대어로 번역하면 '자외선은 금속의 전자를 방출시킬 수 있다'는 의미이며, 이것이 바로 오늘날 우리가 말하는 **광전 효과**Photoelectric Effect다. 그렇다면 이것은 어떻게 발생했을까?

이 현상을 제대로 파악하기 위해서는 우리에게 익숙한 상황을 가정해보는 것이 좋다. 물론 다음 장에서 자세히 다루겠지만 여기서는 중력장 내에서 물체를 던진다고 상상해보자. 땅에서 사과를 던질 때 충분한 에너지만 뒷받침된다면 그것을 중력 끌림의 영향에서 벗어나게 해줄 수 있다. 다시 말해, 사과가 땅에 떨어지지 않고 궤도상에서 움직이는 것은 마치 금속 내부에 남아 있는 전자의 궤도 운동과 같은 원리라고 볼 수 있다. 원자핵 주변으로 전자를 붙잡아놓는 작은 힘들의 합으로부터 떨어져 나오려면 힘을 그만큼 줘야 하는 것이다. 여기서 금속판을 비추는 빛은 사과를 던지는 사람의 역할을 하는 셈이고, 사과는 전자로, 중력 끌림은 작은 힘들의 합으로 대체된다고 보면 된다(97쪽 그림 참고).

사과가 궤도에 오른 이유를 이해했다면 전자가 방출되는 이유도 쉽게 받아들일 수 있을 테니, 여기까지는 이상할 것이 전혀 없다. 다

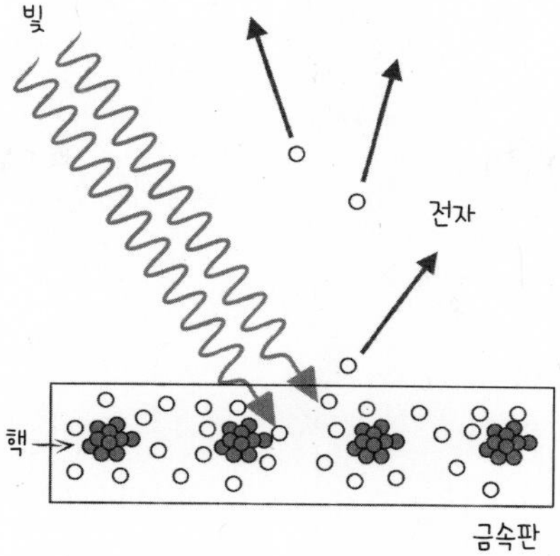

광전 효과: 금속판에 붙어 있던 전자들이 광원에서 나온 광자에 의해 방출되는 모습

시 정리하면, 금속판을 빛에 노출시킴으로써 에너지를 공급하고 그로써 전자가 방출될 가능성을 만들어주는 것이다. 그러나 헤르츠는 거기에서 이상한 점을 발견했다. 빛에 노출된 빈도에 따라 결과가 달라진다는 점이었다.

1905년 노벨상 수상자인 독일 출신 물리학자 필리프 레나르트Philipp Lenard는 전자의 존재가 입증된 상태에서 헤르츠의 실험을 다시 진행했다. 일정 주파수 아래에서는 빛의 세기를 더 올려도 금속판에서 전자가 방출되지 않았다. 기존에는 에너지를 많이 공급할수록 전자를 방출할 기회가 더 많이 생긴다고 보았기 때문에 이 실험 결과는 예상치 못한 것이었다. 빛다발의 세기를 높이면 사과 던지는 사람에게 '흥분제를 투여하는' 것과 같은 효과가 발생하는데, 흥분제의 양이 일정 수준을 초과하면 그것이 사과를 궤도에 올려놓을 수

« 내가 여기에 제시한 가설이 옳다면, 어느 한 지점에서부터 빛이 전파될 때 팽창하는 공간에서는 에너지가 지속적으로 분배되지 못한다. 그러나 유한수만큼의 양자 에너지는 유지된다. »

알베르트 아인슈타인, 1905년에 쓴 논문의 일부

있을 만큼 강해져야 하는 것이다. 이것은 전자 실험에서 발견한 내용이 아니지만, 반대로 방사 빈도가 충분하다면 단파(이 경우에는 UV램프 사용)의 경우에는 세기가 약한 빛 다발일지라도 전자를 방출할 수 있었다.

이상한 결과였다. 최소 빈도수로 빛에 노출시킬 경우에는 전자가 쉽게 방출되지만 그마저 금속의 종류에 따라 결과가 상이했다.

아인슈타인이 무대에 등장했을 때, 물리학계는 긴장할 수밖에 없었다. 아인슈타인은 막스 플랑크Max Planck의 논문(1900년)을 읽고 분석해 온전히 이해한 다음, 열이 가해진 물질은 마치 움직이는 진동자들을 모아놓은 것과 같다고 설명했다. 왜냐하면 이들은 에너지 양자energy quantum 여러 개가 모인 '덩어리' 형태로만 열이 이동하기 때문이다. 플랑크에게는 이것이 실험과 이론을 일치시키기 위해 진실을 감추는 방법에 지나지 않았다. 아인슈타인은 거기서 한 단계 더 나아가 빛 자체가 **관타**quanta(후에 **광자**photon라고 불린다)라고 불리는 입자로 이루어져 있고, 그 에너지는 빛의 방사 빈도에 비례한다고 주장했다.

이 주장은 당시 아주 큰 파란을 일으켰다. 빛의 입자설을 주장하는 뉴턴이 반가워할 법한 용어인 **빛 입자**와, 빛의 파동설을 주장하는 맥스웰과 헤르츠에게 중요한 용어인 **빈도**가 공존했기 때문이다. 하비히트에게 보낸 서신에서 아인슈타인은 자신이 쏘아 올린 혁명의 공을 이렇게 표현했다. "빛은 파동이나 입자가 아니고, 파동이면서 입자다." 과연 아인슈타인의 이런 전제가 광전 효과의 문제를 푸는 데 어떤 면에서 도움이 되었을까?

빛을 쬔 금속의 원자가 마치 미미한 진동 정도만 수용할 수 있는 작은 용수철처럼 일정한 주파수에만 반응한다면 최소 주파수에 해당하는 충분한 에너지를 가진 광자만이 전자를 자극하고 방출할 수 있다. 이는 빛의 세기를 높여 우리가 원하는 만큼의 광자를 내보내려 해도 전자를 방출시킬 수 있는 최소한의 에너지가 없다면 불가능하다는 의미다. 반면에 광자가 하나뿐이어도 주파수만 제대로 맞춰주면 그 즉시 전자 하나를 방출시킬 수 있다. 게다가 이 주파수에서 광자를 많이 방출할수록 금속판에서부터 방출되는 전자의 수가 증가한다. 방출된 각각의 전자는 입사된 빛에서 나오는 에너지와 결합에너지(핵 주변으로 붙잡아두는)의 차이에 비례하는 에너지를 가질 것이다. 또한 훨씬 더 높은 주파수(예를 들면, X선)로 금속판에 빛을 방사한다면 남는 에너지는 운동 에너지 형태로 전자에 전달되고, 그 결과 금속판에서 아주 빠른 속도로 방출될 것이다.

아인슈타인이 이 가설을 발표하자 과학계 내부의 의견은 갈렸고, 양자역학의 아버지인 막스 플랑크를 비롯해 세계적 명성을 가진 과학자들은 입장을 유보하며 신중한 태도를 보였다. 1913년, 플랑크는 프러시아 과학원이 아인슈타인을 지명하도록 독려하기 위해 "광양자에 관한 그의 가설처럼 그는 더 멀리, 더 깊이 사유할 수 있는 인물이기에 이 가설로 그의 갈 길을 막아서는 안 된다"라는 내용의 편지를 쓰기도 했다. 그로부터 몇 년 후인 1916년, 아이러니하게도 아인슈타인의 가설을 '경솔하다기보다는 과감하다'고 규정했던 로버트 밀리컨은 실험을 통해 그것을 입증했다. 그렇게 새로운 물리학은 빛을 보게 되었다.

매우 상대적인 빛

그 누구도 예상하지 못했지만, 아인슈타인은 양자 이론과 더불어 **특수 상대성 이론**을 발표(1905년)함으로써 과학계에 두 번째 혁명을 일으켰다.

처음에는 측정 문제가 대두했다. 맥스웰의 방정식에 등장하는 그 유명한 빛의 속도인 c를 측정하고, 거기에 갈릴레이의 상대성 원리를 더하려는 것이었다. 이 작업은 몇 년간 이어졌고, 사실 그 속도가 상수임은 어느 정도 알려져 있었다. 이미 1727년에 영국의 천문학자 제임스 브래들리James Bradley는 별에서 나오는 빛의 속도가 그 위치와 무관하게 변한다는 사실을 알아내고 이에 의심을 품고 있었기 때문이다. 그런데 사실 모든 별이 하늘에 고정되어 있을 가능성은 매우 낮기 때문에 별마다 속도를 측정해야 했다. 고전 물리학의 시각으로 보면 빛의 속도를 구하기 위해서는 별의 속도까지 더해야 했다. 마치 달리면서 공을 던질 때의 속도는 달리는 사람의 속도에 던져진 공의 속도를 더해야 하는 것처럼 말이다. 하지만 당시에는 빛의 속도와 더해서 계산하기보다 계산의 정확도만 문제 삼았다.

프레넬이 정립한 빛의 파동설로 실제 관측 결과와 설명이 일치할 때까지 이 문제는 미결로 남아 있었다. 사실상 파동의 전파 속도는 이 파동을 만드는 물체의 속도와 관련이 없었다.[5] 예를 들면, 공기 중 소리의 속도는 우리가 본 것처럼 초당 344m이기 때문에 구급차가 우리를 향해 오든 멈춰 있든 간에 사이렌 소리는 초당 344m를 간다는 뜻이다. 바꿔 말하면, 별에서 나오는 빛의 속도는 어디서나 동일하기 때문에 빛의 속도를 계산할 때 별 고유의 움직임은 고려하지 않아도 된다는 의미였다.

이런 관점에서 보면 소리처럼 빛이 우리에게 닿는 속도도 상수 c일 거라는 결론에 이른다. 그러나 이 아이디어를 공고히 하기 위해서는 전자기파가 어떤 매질에서 전파되는지 알아야 했다. 그러다가 물이나 공기가 없는 우주에서 매질이 될 만한 것은 앞서 물리학자들이 주장한 에테르라는 신비한 물질뿐이라는 결론에 이르렀다.

사실 관찰자들이 여러 방향에서 빛의 속도를 측정하고 그것을 비교해보기만 해도 이 이론은 명백히 입증된다. 예를 들면, 태양 주위를 도는 지구의 공전 방향과 그 수직 방향으로 한 번씩 측정해보는 것이다. 만약 빛이 에테르 안에서 정속으로 전파된다면 두 속도는 당연히 다를 것이다. 소리의 전파 속도를 기준으로 다시 생각해보면, 음파의 전파 속도와 파원의 속도는 별 관련이 없을지라도 관찰자의 속도와 음파의 전파 속도는 연관이 있다. 만약 당신이 구급차를 앞질러 초당 345m로 달린다면(기록 보유자가 될 것이다) 구급차의 속도와 관계없이 당신은 사이렌 소리를 절대 들을 수 없을 것이다. 왜냐하면 당신이 음파의 전파 속도보다 더 빠르기 때문이다. 지금까지 관측 결과와 이론이 일치했기 때문에 속도 가산 법칙은 완벽하게 들어맞았다.

1887년, 미국의 물리학자 앨버트 에이브러햄 마이컬슨Albert Abraham Michelson과 에드워드 몰리Edward Morley는 이와 관련된 실험을 반복하고 있었다. 빛의 속도는 방향에 관계없이 일정해 실험으로 밝혀질 부분은 별로 없었다. 푸앵카레와 헨드릭 로런츠Hendrik Lorentz가 제안한 해결 방법 가운데 하나는 지구와 지구상에 있는 모든 것을 이동 방향대로 압축하는 것이었다. 왜냐하면 전자기력과 분자 간 내부 결합력이 지구의 움직임을 따라간다고 가정해야 받아들일 수 있는 부분이었기 때문이다. 이와 같이 꽤 복잡한 변환의 가정을 통해 물리학자들은 왜 빛의 속도가 항상 같은지 설명할 수 있었다. 하지만 이 **길이 수축**이라는 개념은 물리학의 또 다른 기본 원리인 상대성 원리(**갈릴레이의 상대성 원리**)와 상충되었다.

그렇다면 이 원리가 뜻하는 바는 무엇인가? 모든 물리 법칙은 관찰자(관찰자가 정속으로 이동할 때)의 속도와는 무관해야 한다는 점을 규정한다. 여러분도 기차에 타서 직접 실험해볼 수 있다. 열차가 운행 중일 때 객실의 창문이 닫히면 당신은 열차가 움직이는지 정지했는지 알 방법이 없다. 공중으로 연필 한 자루를 던져도 다시 당신의 손에 떨어질 것이다. 한마디로, 기차역에서 적용 가능한 모든 물리 법칙은 기차 안에서도 적용할 수 있다. 그런데 가끔 열차가 역에 정차해 있을 때 반대편에서 움직이는 열차를 보면 내가 탄 열차가 움직이고 반대편 열차가 정차해 있는 건지, 아니면 그 반대인지 헷갈린다.

로런츠와 푸앵카레의 설명에 따르면, 길이가 변하는 것이기 때문에 우리 주변에 있는 물체의 길이만 측정해도 누가 움직이는지, 누가 정지해 있는지 알 수 있다. 그래도 잘 모르겠다면, 구리 코일을 들고 기차에 타보면 된다. 기차가 출발하면 원래는 정지 상태였던 전자들이 구리선 안에서 움직여 전류가 흐르고, 그것으로 자기장이 생성되는 것을 관찰할 수 있기 때문이다. 이로 인해 여러분은 갈릴레이의 주장과 달리 자신이 움직인다는 사실을 인지할 것이다.

그러나 그때까지도 과학자들은 에테르의 존재를 믿었기 때문에 뉴턴이 말한 절대 공간에 해당하는 고정된 절대 좌표계가 확실히 존재한다고 생각했다. 물리학에서 우리의 움직임과 역학은 절대 공간과 연동되어 움직이는 것으로 여겨졌다. 모두가 에테르를 기준으로 움직였으니 이는 물리적으로 수용 가능한 부분이었다. 그러나 맥스웰의 방정식으로 다시 돌아가보면, 로런츠는 운동 방향에 있는 대상(즉, 공간)의 크기만 조절할 것이 아니라 가상 시간이라는 개념을 만들어 여행자가 휴식을 좀 취할 수 있도록, 반드시 동기화해야 한다고 생각했다. 정말 골치 아픈 일이었다. 이를 제대로 이해할 수 있는 사람이 없었다. 아인슈타인이 이에 대한 의견을 드러내기 전까지 물리학계는 완전히 혼란 상태에 빠져 있었다.

1905년, 「움직이는 물체의 전기역학에 대하여Zur Elektrodynamik bewegter Körper」라는 꾸밈없는 제목의 논문을 발표한 아인슈타인은 에테르라는 부자연스러운 개념을 폐기할 것을 제안했다. 그러면서 오히려 푸앵카레와 로런츠가 맥스웰의 방정식의 논리를 따라가기 위해 주장한 가상 시간이 **실제 시간**이라고 주장했다. 즉, **하나의** 시간만 존재하는 것이 아니라 각자의 속도에 연동된 **여러 개의** 시간이 존재한다는 것이었다. 아인슈타인의 상대 시간 가설로 수신자의 속도와 관계없이 빛의 속도가 일정하다는 것을 어떻게 설명할 수 있을까?

아인슈타인은 우리가 빛을 따라가는 상황을 가정했다. 만약 여러분이 진공 상태에서 초당 약 30만 km를 가는 빛을 따라 초당 299,999km로 달린다면 당연히 초당 1km 속도의 차이를 느낄 것이다. 그러나 여러분의 속도와 관계없이 빛의 속도는 초당 30만 km로 측정될 것이다. 아인슈타인은 이것이 우리가 뒤쫓아간다는 것을 알고 빛이 조금 더 속도를 내기라도 하듯, 빛의 속도가 변하는 것이 아니라 우리가 더 속도를 낼 때 우리 내부의 시간, 고유 시간이 느려져서 생기는 현상이라고 생각했다. 우리가 빛의 속도에 가까이 다가가면 갈수록 고유 시간은 더 느려지다가 결국 '얼어붙는' 것이다. 우리가 측정한 빛의 속도는 늘 동일하지만, 우리 고유 시간은 우리가 움직일 때 변하기 때문이다.

나는 여러분이 이 문장을 다시 읽으며 그 깊이를 헤아려주기를 바란다. 우리의 고유 속도와 무관하게 빛의 속도가 일정하게 유지되는 것처럼 괘종시계나 쿼츠시계의 진동수, 심장 박동, 눈썹의 깜빡임, 신진대사, 노화, 물리학과 생물학 법칙 등 우리를 둘러싼 모든 것은 각자 리듬대로 흘러가는 것 같기 때문이다.

이러한 관찰을 통해 아인슈타인은 이미 시간과 공간을 떼려야 뗄 수 없는 확고하게 연결된 것으로 여겼고, 지금껏 독립적으로 인식되어온 이 두 개체가 합쳐져 시공간이라는 개념을 형성하게 되었다. 모든 것은 상대적이며, 시간도 공간과 마찬가지로 변하는 것으로 인식되었다. 당시로서는 상상조차 할 수 없었던 이러한 인식의 변화는 다방면에 걸쳐 그 영향력이 드러나면서 곧 거대한 변화로 이어졌다. 그 가운데 하나는 아인슈타인이 논문 초고에 부록처럼 덧붙인 내용이었는데, 이는 전혀 예상치 못한 결과를 가져왔다. 시간과 공간을 연결 짓는 것에서 한 발짝 더 나아가, 입자의 정지 **질량** m과 **에너지** E를 연결해 $E = mc^2$이라는 공식을 내놓은 것이다. 이것이 바로 1장에서 언급한, 전 세계적으로 유명한 그 방정식의 탄생 배경이다.

우리는 방금 빛으로 연결된 것들을 살펴보면서 양자역학의 품 안에서 전자기파와 물질이 이어지고, 아인슈타인의 상대성 이론 안에서 시간과 공간이 이어짐을 경험했다. 운동 법칙과 광학 현상을 하나로 아우르는, 통합된 설명을 꿈꿨던 뉴턴이 이 결과를 봤다면 매우 흡족했을 것이다. 그러나 뉴턴과 아인슈타인이 마주하게 될 어마어마한 규모의 새로운 물리학 분야가 있었으니, 그것은 바로 중력 이론이다.

4장

중력 이야기

만유인력의 법칙이 뉴턴이 이룩한 업적 중 가장 중요하다는 것은 그 누구도 부정하지 않을 것이다. 사과를 땅에 떨어뜨리는 그 힘이 행성의 움직임을 관장하는 힘과 동일하다는 사실을 보여줌으로써, 뉴턴은 우주에 존재하는 네 가지 힘 가운데 첫 번째를 발견했다.

인력에서 벗어나기

과연 뉴턴은 지상계와 천상계에 동일한 법칙이 적용된다는 사실을 어떻게 발견했을까? 우리가 그의 머릿속을 들여다볼 수는 없겠지만 아마도 단순한 자연 현상들을 반복적으로 관찰하면서 그 같은 결론에 이르렀을 것이다. 뉴턴은 사고 실험thought experiment을 통해

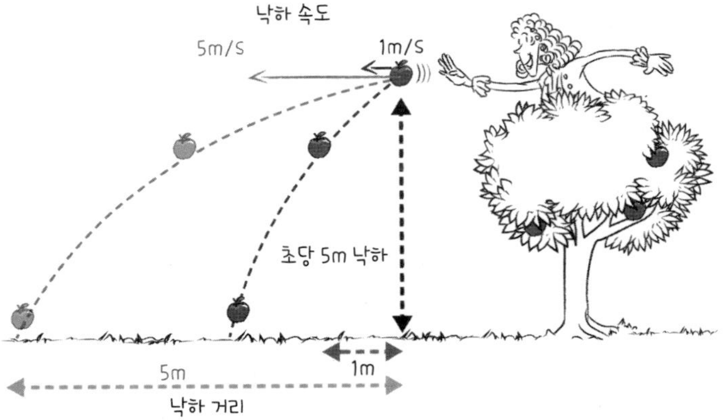

5m 높이에서 자유 낙하하는 물체는 항상 1초 만에 떨어진다.
높이가 일정할 경우, 낙하 거리는 수평 방향 속도와 비례한다.

자연 현상의 결과를 다른 차원과 접목시켰다.

전해오는 이야기에 따르면, 1666년에 뉴턴은 울즈소프의 가족 농장에 있는 사과나무 아래에서 쉬다가 갑자기 영감이 떠올랐다. 우리라면 과연 사과나무에서 사과가 떨어지는 것을 보고 만유인력의 법칙을 떠올릴 수 있었을까?

2장에서 언급한 뉴턴의 주장을 떠올려보자. 마찰이 없을 경우, 수평으로 던진 물체는 땅과 평행을 이루며 일정 속도를 유지하고, 수직 방향으로 낙하한 물체는 그 속도가 증가한다. 이때 물체는 포물선을 그리며 떨어지고, 일정한 높이에서는 낙하 거리가 물체의 추진 속도에 비례한다. 만약 5m 높이 사다리에서 수평 방향으로 초속 1m로 사과를 던지면 사과는 1m 떨어진 곳에 낙하할 것이다. 초속

2m로 던지면 2m 떨어진 곳에, 초속 10m라면 10m 떨어진 곳에 낙하하는 식이다.

뉴턴은 여기서 사고를 더 확장했다. 사과를 아주 세게 던지면 지구의 둥근 모양 때문에 사과는 낙하하지 않고 계속해서 지구 주위를 맴돌 것이다. 그런데 이 정도 속도를 내는 것이 정말 가능할까? 사과를 '궤도에 올릴' 수 있다면 왜 달은 거대한 사과처럼 움직이지 않을까? 이 경우라면, 달은 사과처럼 계속해서 지구를 향해(물론 더 높은 곳에서) 낙하할 것이다.

이 모든 것을 계산했을 때, 사과는 수평 방향 시속 28,440km(초속 7,900m) 이상으로 던져야 궤도에 오를 수 있고,[1] 달은 시속 3,600km로 던져야 한다.

뉴턴은 수직 낙하를 통해 사과와 달의 유사성을 더욱 확장시켰다. 지구상에서는 사과를 앞으로 던지든 사과나무에서 떨어지든 처음 1초 동안은 5m를 낙하한다. 달의 공전 속도[2]가 시속 3,600km라는 사실과 궤도의 크기를 이용해 뉴턴은 최초 1초 동안 달이 지구로 얼마나 '낙하'하는지 계산했다. 그러고는 최신 자료를 기반으로 1.3mm라는 답을 얻었다. 이는 384,400km 높이(지구와 달의 거리)에 있는 사과나무에서 사과가(혹은 달이) 떨어진다면, 초반 1초 동안은 1.3mm만큼 낙하한다는 뜻이다.

이를 통해 뉴턴은 사과보다는 달이 지구와 더 멀리 떨어져 있기 때문에 지구가 달에 미치는 영향력이 훨씬 미미해지고, 그로 인해

수평 방향 시속 28,440km 이상으로 던지면 사과는 궤도에 오른다.
그러면 사과는 낙하하지 않고 계속해서 지구 주위를 돌 것이다.

달보다 사과가 지구에 더 빨리 낙하한다는 이치를 깨달았다. 그런데 여기서 말하는 '더 빨리'란 얼마만큼일까? 1715년, 영국의 한 천재가 그 답을 찾아냈다.

행성을 제 궤도에 묶어두는 힘은 중심으로부터 잰 거리의 제곱에 반비례한다는 사실을 발견하고 달의 궤도와 지구상에 존재하는 중력

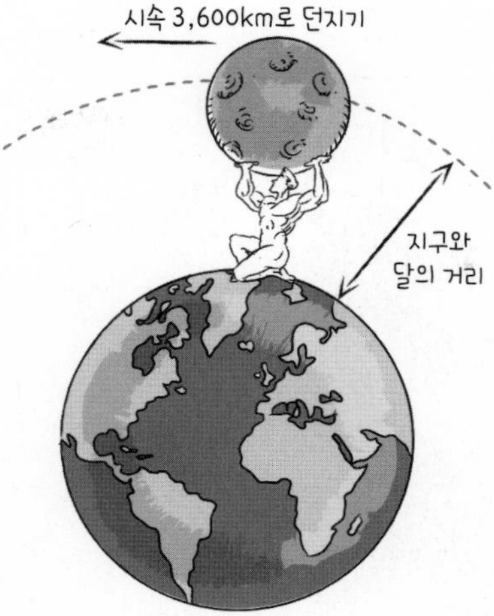

달의 궤도에서 시속 3,600km로 던지면 달은 제 궤도에 오를 수 있다.

을 비교했는데, 이것이 미묘하게 맞아떨어졌다.

이것이 말하고자 하는 것은 무엇인가? 사과는 1초에 5m를 낙하하고, 달은 1초에 1.3mm를 낙하한다는 것은 그 속도가 3,800배나 느리다는 것이다. 반대로 달은 지구 중심과의 거리가 사과에 비해 60.3배 더 떨어져 있는데, 여기에 공식을 대입하면 60.3^2은 3,636.09이므로 3,800과 유사한 값이 나온다. 드디어 해냈다! 지구와 멀리 떨어져 있는 물체는 끌어당기는 힘 또한 그만큼 약해지는데, 그 값은 **거리의 제곱에 반비례한다는 역제곱법칙**을 따르는 것이다. 이 계산대로라면 2배 멀리 떨어진 행성들은 4배 더 약한 중력을 갖고, 3배 더 멀면 중력은 9배 더 약해지는…… 식이다.

뉴턴은 성경책을 읽고, 나무에서 사과 한 알이 떨어지는 것을 보면서 사색을 통해 세상의 이치를 깨달았다. 아무리 생각해도 그저 경이로울 뿐이다.

로켓 발사 기술

로켓을 수평으로 발사하는 것은 아니지만, 그래도 지상에서 발사해 우주에 닿기까지는 상당한 속도가 뒷받침되어야 한다. 그 속도에 도달하기 위해 조금이라도 유리한 조건을 찾다 보니 대부분의 로켓은 저위도에서 발사한다. 유럽 로켓들은 남미 기아나의 쿠루에서, 미국 로켓들은 플로리다주 케이프커내버럴에서, 러시아 로켓은 카자흐스탄 바이코누르에서 발사하는 것도 같은 이유다. 지구가 자전축을 중심으로 돌기 때문에 적도에 가까워질수록 지구의 중력 중심(시속 약 1,700km로 자전하는 적도의 한 지점)에 비해 더 빠른 초기 속도를 얻는다. 로켓 개발자들은 지구의 자전을 부수적인 추진 기관으로 이용하는 셈이다. 이는 마치 회전목마를 탈 때 우리를 회전목마 밖으로 내보내려는 원심력이 회전목마의 회전력보다 더 큰 것과 같은 경우다. 우리는 이것을 '슬링샷 효과Slingshot effect'라고 부른다.

만유인력의 법칙

사과나무 아래에서 사색에 잠긴 뉴턴을 묘사한 장면은 사람들의 마음을 사로잡을 뿐 아니라, 더 나아가 그를 숭배의 대상으로 삼기에 충분하다. 떨어지는 사과를 머리에 맞은 과학자가 기발하면서도 충격적인 이론을 머릿속으로 정리하는 이미지가 대중문화까지 사로잡은 것은 어쩌면 당연할지도 모른다.

하지만 솔직히 말해, 이 이야기가 실화인지는 아무도 알 수 없다. 왜냐하면 윌리엄 스터클리William Stukeley의 회고록[3]에 담긴 뉴턴과의 대화 내용이 우리에게 남은 유일한 단서이기 때문이다. 사과와 달의 낙하 속도를 비교한 뉴턴의 이 일화는 그의 조카사위이자 조수였던 존 콘듀잇John Conduitt이 1728년에 다시 언급한 것으로 알려져 있다.

역사적 기록에 따르면, 1684년 영국의 천문학자 에드먼드 핼리Edmond Halley가 케임브리지로 오면서 뉴턴에게 "만일 인력의 역제곱 법칙에 따른다면 태양을 도는 행성들의 궤도는 무엇이 될까요?"라고 물었다. 그러자 뉴턴은 즉시 "타원이지요. 이미 다 계산해봤습니다"라고 받아쳤다. 예상치 못한 즉답에 핼리는 뉴턴에게 설명을 요구했지만 그는 종이만 뒤적일 뿐 그 자리에서 논리적 증명을 제시하지는 못했다.

그로부터 몇 달 후, 핼리는 뉴턴에게서 「궤도상 천체의 움직임에 대하여Sur le mouvement des Corps en Orbite」라는 제목의 원고가 담긴 편지를 한 통 받았다. 뉴턴은 이 원고에서 요하네스 케플러Johannes Kepler가 몇십 년 전에 언급했던 행성의 운동에 대한 세 가지 법칙을 수학적으로 풀어냈다.

케플러는 1605년에서 1618년 사이 자신뿐 아니라 과학계 선구자들이 남긴 정밀한 천체 관측 결과를 토대로 한 경험적 사유 방식으로 이 운동 법칙들을 정립했다.

그렇다면 이 세 가지 법칙이 의미하는 바는 무엇일까?

먼저, 제1법칙은 행성이 태양을 한 초점에 두고 타원 궤도를 공전한다는 것이다(타원궤도의 법칙). 타원이란 납작하게 눌린 원형을 의미하며 **초점**이라 부르는 '중심점' 두 개를 가지는데, 태양은 궤도상 초점들 가운데 하나에 위치한다.

케플러, 원에서 타원까지

케플러는 루돌프 2세의 궁정 수학자로서 프라하에서 활동하던 1605년에 역작 『새로운 천문학Astronomia Nova』을 완성했고, 드디어 1609년에 세상의 빛을 보았다. 이 책이 주목받는 이유는 58번째 장(총 70장)에 태양 중심설, 즉 지동설을 옹호하는 내용이 실려 있기 때문이다.

당시 기준으로 이미 60여 년 전에 태양을 중심으로 행성들이 공전

한다는 코페르니쿠스Copernicus식 우주 모델이 발표된 상황이었기 때문에, 천문학자들은 이 책이 출간되자마자 케플러 모델과 1,500년 전에 만들어진 프톨레마이오스Ptolemaeos 모델(천동설)이 예측하는 바가 일치하지 않음을 지적했다.

프톨레마이오스 모델은 행성들이 또 다른 원(주전원epicycle) 안에서 원 운동을 한다는 아주 복잡한 가설을 사용해 실제 천체 관측 결과에 부합하도록 만든 것이었다. 그때부터 일부 천문학자들이 코페르니쿠스 모델에 등장하는 계system에 주전원의 개념을 도입해 실제 관측 결과와 일치시키려다 보니 본래 이론이 가진 위엄이 사라지게 된 것이다. 덴마크 출신 천문학자 튀코 브라헤Tycho Brahe를 비롯한 일부 과학자들은 행성들이 태양 주위를 돌고, 태양 또한 지구 주변을 돈다는 일종의 절충형 이론을 내세우기도 했다.

6년간의 연구 끝에 행성의 움직임이 원이 아닌 타원 궤도를 갖는다는 사실을 밝혀냄으로써 케플러는 실체 관측 결과와 태양 중심설을 모두 만족시킬 만한 해결책을 찾아냈다. 이렇게 생각하니 실제로 모든 것이 맞아떨어지는 기적이 일어났다. 간단하지만 잘 다듬어진, 예측하기 쉬운 모델이 탄생한 것이다.

왜 2,000년이 넘도록 인류는 행성들이 원형으로 움직인다는 생각을 버리지 못했을까? 정확히 설명하기는 힘들지만, 천상계와 우주의 '완벽함'에 대한 믿음에 절대적인 기하학 모델(원형과 같은 가장 간단한 형태)을 추구하는 경향이 더해져 과학자들을 이 방향으로 이끌어간 것이 분명하다.

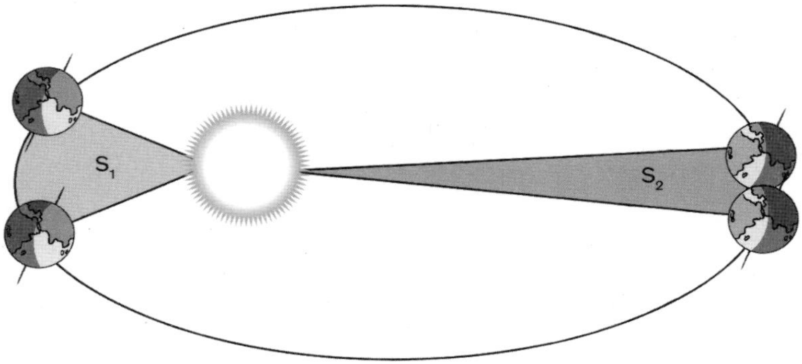

$S_1 = S_2$

1609년 케플러가 제안한 두 가지 법칙: 행성은 태양을 한 초점에 두고 타원 궤도를 공전한다. 행성과 태양을 잇는 선분이 단위 시간 동안 그리는 면적은 동일하다($S_1 = S_2$).

제2법칙은 더 전문적인 내용을 담고 있는데, 행성과 태양을 잇는 선분이 단위 시간 동안 그리는 면적은 행성의 위치와 관계없이 동일하다는 것이다(위 그림 참고, 면적 속도 일정의 법칙). 이는 행성의 공전 속도가 태양에서 멀리 떨어져 있을 때(원일점)는 느려지고, 가까이 있을 때(근일점)는 빠르게 운동하는 행성의 부등속 운동을 설명한다.

제3법칙은 '신기한' 관측 결과에서 시작된 것으로, 행성 공전 주기(행성이 태양 주위를 한 바퀴 도는 시간)의 제곱은 그 행성까지의 평균 거리인 장반경의 세제곱에 비례한다는 것이다(조화의 법칙).

뉴턴은 케플러의 법칙 중 제1법칙과 제3법칙에 대한 애정을 거리낌 없이 드러냈다. 특히 제3법칙은 하나의 행성에 구심력을 고려해 역학의 기본 원리를 적용하면 태양이 행성을 끌어당기는 힘이 거

리의 제곱에 반비례한다는 의미를 내포하기 때문에, 이것만 봐도 케플러가 얼마나 완벽하게 관측했는지 알 수 있다고 생각했다.

여기에 더해 뉴턴은 물체 간에 질량 차이가 날 경우에는 질량이 작은 물체가 질량이 큰 물체 주변을 타원형으로 돈다고 가정했다. 사실 이 모든 것은 유기적으로 연관되어 있다. 앞서 살펴본 것처럼 지구가 사과를 잡아당기는 힘은 지구 중심에서 사과까지 거리의 제곱에 반비례하고, 지구가 달을 잡아당기는 인력 또한 역제곱의 법칙을 따른다. 여기서 인력은 지구상에서나 태양계에서나 마찬가지 방법으로 우주에 존재하는 모든 것에 적용된다.

지구를 도는 달의 공전 주기가 태양 주위를 도는 행성들의 공전 주기보다 짧다는 사실에 주목한 뉴턴은 끌어당기는 물체(행성에는 태양, 달에는 지구가 해당한다)의 질량과 인력이 비례한다는 사실을 알아냈다. 여기에 작용-반작용의 법칙을 적용하면 인력은 끌어당겨지는 물체의 질량에 비례해야 한다. 사실상 지구가 사과를 끌어당기는 만큼 사과도 지구를 끌어당긴다는 뜻이다.

뉴턴은 아래와 같이 만유인력의 법칙을 발표했다.

> m과 M이라는 질량을 각각 가지고, r만큼 서로 떨어져 있는 두 물체가 서로를 잡아끄는 힘은 다음과 같이 표현된다.
>
> $$F = G \times \frac{m \times M}{r^2}$$

« 자연을 지배하는 유일한 법칙을 발견한 사람이니 뉴턴은 행복할지어다! »

조제프 루이 라그랑주Joseph Louis Lagrange

반대되는 이 두 힘은 두 물체의 중력 중심을 지나 오른쪽이라는 공동의 방향을 갖는다. **뉴턴 상수**Newton constant라고도 불리는 중력 상수gravitational constant G는 $6.67 \times 10^{-11} \mathrm{N \cdot m^{-2}/kg^{-2}}$으로 표현된다. 이 상수값을 구한 것은 당시 뉴턴이 아니라 실험(1798년)을 통해 중력 상수뿐 아니라 지구 질량까지 계산해낸 헨리 캐번디시Henri Cavendish다.

처음 이 공식에 대입한 것은 지구 주변을 도는 달이었지만, 목성이라는 거대 행성 주위를 도는 위성들과 태양 주변을 공전하는 지구, 우리은하의 중심에 있는 태양 등에도 적용될 수 있기에 우리는 이 공식이 가진 힘의 의미를 제대로 이해해야 한다. 한마디로, 우주 만물에 적용 가능한[4] G는 이제 보편정수 대열에 올라선 것이다.

그 후 200년간 천문학자들은 태양계를 구성하는 천체의 움직임을 정확하게 계산했으며, 이동의 메커니즘을 잘 이해하고 그 규모를 정확히 파악할 수 있었다.

뒷부분에서도 살펴보겠지만, 인류는 뉴턴의 법칙을 통해 새로운 행성을 발견하고, 조석 현상과 같이 육지에서 관찰되는 자연 현상들의 원인을 파악할 수 있게 되었다.

조석 현상

2020년 7월 20일 늦은 오후, 프랑스 브르타뉴 지방의 피니스테르 북쪽, 카랑테크 마을과 칼로섬을 이어주는 도로가 통제됐다. 둑을 덮을 정도로 물이 눈에 띄게 불어나더니 위험을 무릅쓰고 둑길을 걷던 보행자의 뒤를 덮쳤다. 보행자는 덫에 걸린 짐승처럼 본능적인 공포에 휩싸여 걸음을 재촉했다. 대조기에 해수면이 상승하는 모습을 본 사람이라면 조석 현상의 위력을 실감할 수 있을 것이다. 이처럼 물이 육지를 뒤덮는 것은 인간이 막을 수 없는, 불가피한 자연 현상이다.

먼 옛날부터 뱃사람들과 현인들은 밀물과 썰물이 일정한 리듬으로 교차하며, 이것이 달의 위상과 주기에 따라 변한다는 사실을 알고 있었다. 하지만 이에 대한 과학적 설명이 가능해진 것은 『프린키피아』 3권에서 뉴턴이 조석 현상의 원인으로 중력 법칙을 언급하면서부터다. 바다, 특히 대양을 본 적도 없는 학자가 이를 연구했다는 사실이 좀 역설적이긴 하지만, 그는 다른 사람들이 관찰하여 묘사해 놓은 것을 읽는 데 만족했다.

뉴턴은 지구의 조석 현상을 이해하기 위해 중력의 영향을 가장 많이 받는 천체인 달과 태양에서의 변화를 염두에 두었다. 태양계에서 질량이 가장 큰 천체라는 점과 달과의 거리(40만 km 이하로, 태양계 전체로 보면 머리카락 한 올 두께에 해당한다[5])가 매우 가깝다는 점이 태양

« 뉴턴이 정립한 힘의 법칙을 통해 천상계의 역학을 명확히 이해하고, 그것이 하나의 이론으로 자리 잡기 전까지 역학은 그저 평범한 도식에 지나지 않았다. »

한 저널에 실린 아인슈타인의 기고문 「물리와 현실Physik und Realität」(1936) 중에서

과 달에 주목한 이유였다. 그러나 지구에 두 배나 더 큰 영향을 미치는 것은 달이다. 태양보다 질량은 작지만 지구와의 근접성으로 그것을 상쇄시키기 때문이다.

달이 지구에 미치는 영향부터 살펴보자. 달이 끌어당긴 액체가 이동해 지구와 달 간의 축(과장해서 설명하긴 했으나 121쪽 그림을 참고하면 이해하는 데 도움이 될 것이다) 방향으로 살짝 튀어나온 부분이 생긴다. 이 그림을 유심히 살펴본 사람이라면 달과 마주하지 않은 반대편에도 튀어나온 부분이 생긴다는 것을 알아차렸을 것이다. 사실상 원심력과 중력 끌림 사이에 경쟁이 벌어져 지구상의 액체들이 럭비공처럼 좌우로 대칭되는 형태를 만드는 것이다. 이 때문에 24시간 자전하는 지구에서 하루에 두 번 밀물과 썰물이 생기는 것이다.

이러한 달의 작용이 강화되거나 약화되는 것은 태양이 가진 중력 끌림의 영향 때문이다. 세 천체의 상대적 위치를 고려하면 이해하기 쉽다. 달과 태양의 상대적 위치가 달의 상을 결정하고, 그것이 밀물의 높이에 직접적인 영향을 준다.

뉴턴이 이러한 상호 관계를 밝힘으로써 뱃사람들이 몇천 년 전

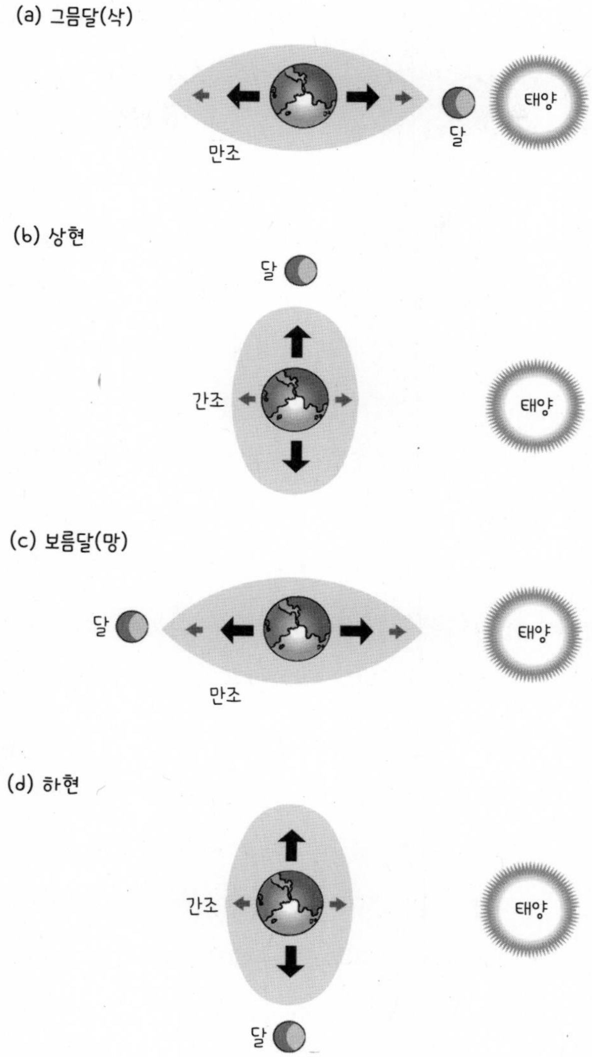

조석 현상은 달(검은색)과 태양(회색)의 중력이 함께 작용해서 만들어진다.

부터 가지고 있던 궁금증이 해소되었다. 이 상호 관계는 일반적으로 생각하는 달의 '축축한 기운'이나 신의 의도와 무관한, 실재하는 힘들의 합에 의한 것이다.

조석 현상을 이해하기 위해서는 네 가지 상대적 위치를 고려해야 한다. 달이 태양과 반대 방향에 있을 때(121쪽 그림 c 참고) 달의 일부분이 태양과 마주하면 태양에 의해 전체적으로 환하게 빛이 비친다. 달이 정확하게 지구-달 축의 선상에 놓였을 때(월식 때)를 제외하면 달은 밤하늘에 아주 밝게 모습을 나타내는데, 이때 우리가 보는 것이 보름달이다. 이러한 배치 속에서 달은 물을 잡아당기고, 태양은 또 태양 나름대로 물을 잡아당기니 지구상의 바닷물은 이리저리 분산된다. 이때 각각 달, 태양과 마주 보는 지구의 양쪽 끝에서는 해수면이 상승했다가 달이 극지방 쪽으로 이동하면서 달과 태양의 축이 직각을 이룰 때 하강한다. 이 가운데 조수간만의 차가 가장 큰 시기를 '대조기(혹은 사리)'라고 부른다.

그믐(121쪽 그림 a 참고)에 달이 뜨면 달과 태양이 힘을 합쳐 바닷물을 끌어당기기 때문에 그 차이는 더욱 현저하게 나타난다. 달과 태양이 같은 방향에 놓일 경우, 한 달 중 가장 규모가 큰 조석 현상이 발생하기 때문에(123쪽 글 상자 참고) 대홍수가 나타나기도 한다. 이 효과는 바닷물뿐만 아니라 지각에도 영향을 미쳐 대규모 조석 현상이 일어날 때마다 달 방향 지구 표면의 고도에 30cm 정도의 차이가 발생한다.

조석의 연속

일반적으로 조차 계수는 20(브레스트 지역의 만조와 간조의 해면 수위 차가 1.22m인 경우, 즉 조수간만의 차가 가장 적을 때)부터 120(브레스트 지역의 만조와 간조의 해면 수위 차가 7.32m인 경우, 즉 조수간만의 차가 가장 클 때)까지로 나뉜다. 한 달 동안 해면 수위 차를 조사해보니 조차 계수가 최대치일 때는 그믐달이나 보름달이 떴을 때이고, 최소치일 때는 상현달과 하현달이 떴을 때다.
조차 계수가 70이 넘으면 만조, 70 이하이면 간조라고 한다.

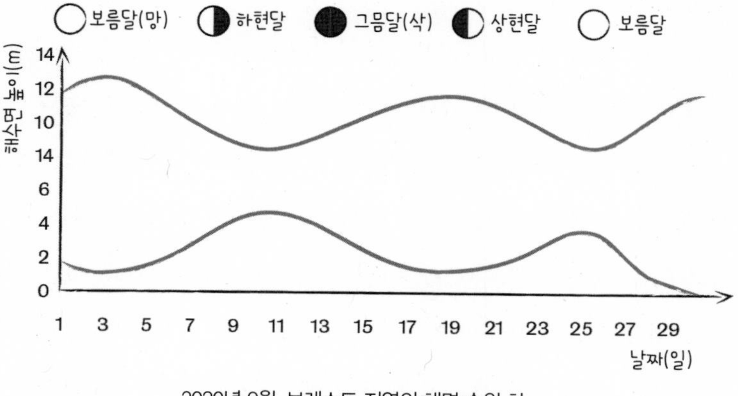

2020년 9월, 브레스트 지역의 해면 수위 차

반대로, 상현과 하현 때(121쪽 그림 b, d 참고)는 태양과 달의 인력이 일부 상쇄되기 때문에 소규모 조석 현상이 나타나며, 이를 간조라고 부른다. 이렇게 달과 태양은 마치 암묵적 합의에 의해 무용수들이 보여주는 자연스러운 군무처럼 지구상에 있는 해수면의 높이를 조절한다.

여기에 해年와 달月의 변화가 더해지기도 한다. 태양이 천구의 적도와 만나는 춘분과 추분 동안 만조는 그 정도가 심해질 수 있다. 프랑스 몽생미셸섬에서 관찰되는 대규모 조수 현상을 인상 깊게 본 사람이라면 이 장관을 놓치지 말아야 한다! 조석간만의 차가 아주 커지는 것은 슈퍼 문(달이 근지점에 와 있을 때, 즉 달의 궤도가 지구와 가장 근접한 곳에 있을 때)이 떴을 때도 마찬가지다.

이러한 조석 현상을 통해 지구의 자전이 미약하게나마 늦춰진다니 흥미롭다.

지구상에서뿐만 아니라 다른 행성과 그 위성에서도 발견되는 기조력은 아주 강렬한 효과를 낳기도 한다. 목성의 위성들은 거대한 가스에 둘러싸여 조석 현상이 유난히 더 강하게 나타난다. 예를 들어, 목성의 위성인 이오Io의 경우에는 강한 마찰열로 인해 활화산의 활동이 유지되고 있으며, 또 다른 위성인 유로파Europa와 토성의 위성인 엔셀라두스Enceladus는 마찰열로 인해 내부 얼음이 녹아 거대한 지하 바다가 생성된 것으로 추정된다. 어쩌면 차가운 지각 밑에 침몰된 진짜 세상이 발견되기를 기다리고 있는지도 모른다…….

기조력의 효과는 강렬하다 못해 치명적이기까지 했다. 이 때문에 응집력이 충분하지 못한 작은 행성들이 주변 큰 행성들의 영향에서 벗어나지 못하는 경우가 발생했다. 실제로, 1992년에 주변을 지나던 슈메이커-레비 9 혜성이 목성의 기조력 때문에 말 그대로 산산

조각 난 일도 있었다.

태양계를 넘어 더 멀리 가보면 블랙홀만큼이나 매혹적인 대상들이 너무나 강력한 기조력을 행사하는 바람에 **국수 효과**noodle effect(또는 **스파게티화**spaghettification)라고 불리는 현상이 발생하기도 했다. 이에 대해 좀 더 깊이 들여다보면, 블랙홀 주변에는 물질이든 빛이든 그 내부에서 일어난 사건이 외부에 영향을 미칠 수 없는 경계면이 존재한다. 그것을 **사건의 지평선**Event horizon이라고 부르는데, 이 경계면을 넘으면 영원히 사라진다. SF 작가들이 그곳으로 우주선과 사람들을 보내는 이유도 바로 거기에 있다. 하지만 실제로 그곳을 통과하는 것은 매우 위험하다. 만약 여러분이 '머리부터 입수'하는 자세로 블랙홀 주변에 다가간다면 발보다 머리가 블랙홀의 중심에 더 가까워질 것이고, 머리가 블랙홀 쪽으로 더 당겨질 것이다. 그러면 블랙홀의 강력한 중력에 의해 여러분의 몸은 지평선에 닿기도 전에 산산조각 날 것이다.

하지만 역설적이게도 블랙홀의 질량이 크면 클수록 여러분의 고통은 덜할 것이다. 태양 질량의 10만 배 이상인 블랙홀의 경우에는 지평선도 그만큼 커서 발밑으로 100kg의 무게(인간이 견딜 수 있는 한계)를 느끼는 정도에서 능지처참의 순간이 끝날 것이다. 또 태양의 몇백만 배에 달하는 질량을 가진 초대질량 블랙홀의 경우에는 지평선이 블랙홀의 중심에서 꽤 떨어져 있어 미래 여행자들이 고통 없이 미지의 세계를 통과할 수 있다.

이제 태양계와 가까운 우주로 돌아와보자. 간단한 계산만으로 새로운 행성을 발견했으니 이제 뉴턴의 중력 이론은 확증을 얻은 셈이다.

해왕성의 기적

1846년 9월 23일, 베를린 천문대에 있던 독일의 천문학자 요한 고트프리트 갈레Johann Gottfried Galle는 동료 과학자인 위르뱅 르베리에Urbain Leverrier가 보낸 편지 한 통을 받았다. 5일 전 파리에서 발송된 이 편지에는 하늘의 일부를 관측해달라는 요청이 담겨 있었다. 그날 저녁, 갈레는 조수와 함께 하늘을 관찰했다.

그리고 자정이 지났을 무렵, 관측한 지 채 한 시간도 안 되어 기적 같은 일이 벌어졌다. 한 치의 오차도 없이 르베리에가 말한 바로 그 자리에서 미발견 행성을 현미경으로 관찰한 것이다. 갈레는 서둘러 깃펜을 들고 유창한 프랑스어로 "선생님이 말씀하신 그 위치에 실제로 행성이 존재합니다"라고 쓰고는 실제로 존재한다는 부분의 단어들에 힘주어 동그라미를 쳤다. 곧바로 신문에는 이 새로운 행성의 발견 소식이 대서특필되었다. 이로써 르베리에는 프랑스의 왕, 더 나아가 유럽 전체의 자랑거리가 되는 쾌거를 이루었다.

하지만 그것은 르베리에 혼자 생각해낸 것이 아니었다. 몇 년 전

이미 태양계의 가장 끝에 있는 것으로 알려진 천왕성에서 태양 공전 시 이상한 점이 있음을 발견한 천문학자들이 있었다. 1846년 6월 1일, 르베리에는 파리 과학원에서 중력으로 천왕성의 움직임을 방해하는 새로운 행성이 있다는 내용을 담은 두 번째 논문을 공개 발표했다. 질량이나 궤도는 밝히지 못했으나 위치만큼은 정확히 알고 있었다. 그리고 같은 해 8월 31일 발표한 세 번째 논문에서는 아주 간단한 수학적 추론을 통해 이 유령 행성의 궤도 요소를 완벽하게 설명했다. 그렇게 해서 르베리에가 예상한 위치에서 갈레가 행성을 발견한 것이었다. 단순히 뉴턴의 법칙을 적용해 미발견 행성의 존재를 알아낸 최초의 인물이라는 면에서 그의 업적은 매우 훌륭하다.

« 르베리에 선생은 하늘 한 번 안 보고 새로운 천체를 발견했다. 깃펜 끝으로 본 것이나 마찬가지다. »

프랑수아 아라고, 1846년 말, 파리 천문대의 대장

이 소식이 전 세계에 알려지자 르베리에는 그 행성에 해왕성이라는 명칭을 붙여주었고, 이는 급속도로 전파되었다. 갈레는 평생 자신이 아니라 르베리에에게 발견의 공이 가야 한다고 생각했다.

그렇다고 르베리에가 성공의 기쁨만 맛본 것은 아니다. 1860년, 르베리에는 자신의 계산 방식에 자신감을 얻고 수성과 태양 사이에 존재하는 새로운 행성, 벌컨Vulcain의 존재를 제안했다. 몇십 년 전부터 학자들이 난제로 삼았던 **수성의 근일점** 이동 문제를 해결하기 위함이었다. 근일점이란 수성의 궤도상 태양에 가장 근접한 위치를 의미하는데, 중력의 영향으로 이곳을 지날 때마다 약간의 시차가 발생했다.

르베리에의 이론에 따른 예상치와 실제 근일점의 이동에는 한 세기당 43초각의 오차가 발생했는데, 과연 이 현상은 벌컨 때문에 일어난 것일까? 불행히도 벌컨이라는 행성은 발견되지 않았다. 이 이상 현상의 진짜 이유는 5장에서 밝혀질 것이다.

다른 천체 중에서도 '방정식의 해'로서 오랜 시간 존재하다가 천문학자들이 직접 관찰한 해왕성과 같은 운명을 맞은 경우가 있었다. 그것은 바로 무엇이든 먹어 치운다는, 그 유명한 블랙홀이다.

블랙홀에 대한 서문

우주 속 '블랙홀'의 존재 여부에 대해서는 200년이 넘는 시간 동안 열띤 토론이 이어져왔다.

초반에는 블랙홀 연구가 뉴턴 역학의 범주 안에서 이루어졌으나, 1796년에 피에르 시몽 드 라플라스가 쓴 『세계체계설명론』에서는 다음과 같이 다뤄졌다.

지구와 동일한 밀도를 가진 이 빛을 내는 천체는 직경이 태양의 250배에 이르고 인력이 커서, 빛이고 사람이고 가릴 것 없이 모두 집어삼킨다.

라플라스는 '우주에서 가장 큰 발광체들도 우리 눈에는 보이지 않을 수 있다'고 결론 내렸다. 여기서 보이지 않는다는 것은 검다는 것을 의미한다. 그런데 블랙홀의 개념이 영국의 학자 존 미첼John Michell이 13년 전에 쓴 편지에도 등장하는 것으로 보아 라플라스 혼자만의 생각은 아니었던 것 같다. 라플라스는 다시 계산을 마친 다음, 이 검은 물체의 존재에 대해 확신을 가진 듯 보인다.

그렇게 추론한 이유는 매우 간단하다. 뉴턴 덕분에 우리는 사과를 세게 던지면 사과가 궤도에 올라 지구상으로 떨어지지 않고 지구 주변을 지속적으로 회전할 거라는 사실은 이미 알고 있다. 하지만 지구로 영원히 떨어지지 않을 정도로 사과를 세게 던질 수 있을까? 할 수는 있다. 뉴턴이 이미 계산해놓은 **탈출 속도**보다 더 빠르게 추진시키면 된다.

지상에서의 인력을 참고해 계산하면 초당 11km(시간당 약 4만 km에 해당한다)로 던져야 사과가 지구상에 존재하는 중력에서 벗어날 수 있다. 여러분이 메시지를 적어 병에 넣고 던지든 로켓을 쏘든 중력의 속도는 같기 때문에, 이 속도는 물체의 질량과 무관하다고 볼 수 있다.

초당 11km 이하로 던질 경우, 사과는 땅으로 다시 떨어진다.

초당 11km 이상의 속도로 땅에서 던져야 사과가 지구로 다시 돌아오지 않는다.
태양의 표면에서 던질 경우에는 초당 600km는 되어야 한다.

재미있는 사실은 여러분의 발밑에 있는 그 천체의 질량이 클수록 중력이 강해지기 때문에 탈출 속도 또한 커져야 한다는 것이다. 예를 들어, 여러분이 사과 하나를 들고 태양의 표면으로 간다면(몸이 그 즉시 숯으로 변하겠지만 그 사실은 차치하고) 초당 약 600km(시간당 200만km 이상)의 속도로 사과를 던져야만 사과가 태양의 중력 영향권을 간신히 벗어나 은하계 끝으로 날아갈 수 있다.

바로 여기서 라플라스는 의문을 품었다. 초당 30만 km를 가는 빛이(빛이 사과처럼 움직인다는 가정하에) 도망가지 못하도록 막을 수 있는 천체의 최소 크기는 얼마가 되어야 할까? 그는 태양과 같은 밀도를 가진 천체라면 250배 정도 더 커야 한다고 생각했다. 이런 식이라면 이런 의문을 제기할 수도 있을 것이다. '빛을 가둬두기에 충분한

라플라스의 주장에 따르면 태양의 질량이 반경 3km짜리 구에 집약된다면 이 중력에서는 어떤 빛도 빠져나올 수 없을 것이고, 이 물체는 완전히 검은색으로 보일 것이다.

밀도를 가지려면 태양을 어느 정도까지 압축시켜야 할까?'

답은 3km다. 이는 (뉴턴의 법칙이 정한 틀 안에서 생각한 라플라스에게는) 반경이 3km이면서 태양과 같은 질량을 가진 별의 표면에서 손전등을 켜면 마치 손에 들고 있던 사과를 지구에서 던졌을 때처럼 빛이 밑으로 다시 떨어질 것이다.

라플라스는 이 같은 내용을 발표해 중력이 너무 커서 빛조차 빠져나갈 수 없는 천체의 개념을 제시함으로써 최초로 블랙홀의 존재 가능성을 언급했다.

그런데 라플라스는 3쇄를 찍기 전, 자신의 저서에서 이 천체에 관한 단락을 삭제하기로 결정했다. 왜 그랬을까?

실제로 과학원에 이 결과물을 제출했을 때 라플라스는 환영받지 못했고, 학자들은 이 망상에 가까운 수학적 증명을 비난했다. 왜냐하면 0으로는 약분할 수 없는데도 불구하고 학생들이나 저지를 법한 실수를 했다고 판단한 것이다! 분명히 말해 '빛 입자'는 질량을 가지지 않기 때문에 엄밀한 의미에서 중력의 법칙과 역학의 기본 원리를 적용할 수 없다는 것이었다. 라플라스도 분명 여기까지 생각이 미쳤을 것이고, 처음에는 아주 작은 질량으로 가정했을 것이다. 하지만 모든 방향에서 빛의 속도가 일정함을 관찰했다는 것은 이 빛의 입자에 질량이 없다는 뜻일 것이다. 그래서 라플라스는 공격의 빌미를 제공하지 않기 위해 그 단락을 삭제했던 것이다. 하지만 역설적이게도 이 단락은 블랙홀에 관한 선구자적 내용으로 받아들여져 세미나에서 이 주제에 관해 개괄적인 설명을 할 때면 빠지지 않고 인용되었다.

그로부터 100년 후, 아인슈타인은 현대 우주론의 방식으로 블랙홀의 존재를 예측했다. 블랙홀의 질량과 직경에 대해서는 동일하게 예상했지만, 빛을 가두어두는 것은 뉴턴이 주장한 인력이 아니라 시공간의 변형 때문이라고 본 것이다. 뒤에 이어지는 장에서 또 다루겠지만, 빛은 물질처럼 변형된다는 내용이 추가된 것이다.

뉴턴의 굴욕

1919년 11월 6일, 런던에 위치한 영국왕립학회. 뉴턴의 자화상이 걸린 이곳에서 회원들은 6개월간의 고된 탐사를 마치고 돌아온 케임브리지 천문대 대장, 아서 에딩턴 경Sir Arthur Eddington의 발표를 기다리고 있었다. 그가 서아프리카 해안에 있는 프린시페섬의 봉우리로 실험 도구들을 옮기고 있을 때 이 탐사대에 속한 또 다른 팀원들은 동료 천문학자인 앤드루 크로멜린Andrew Crommelin의 지휘하에 대서양 건너편에 있는 브라질에서 실험을 준비하고 있었다. 그는 풍랑 속에서도 당나귀 등에 실험 설비를 얹고 통행이 불편한 곳을 여기저기 다녔으며, 현지 원주민들과 직접 부딪치며 문제를 해결해나갔다.

이 탐사대는 1919년 5월 29일 개기일식 때, 태양 뒤에 가려진 별들을 관찰할 목적으로 결성되었는데 대낮에는 강렬한 태양 빛에 별들이 가려져 관측하기 힘들었다. 그럼에도 불구하고 이들이 별을 관찰하려고 한 이유는 무엇일까? 그것은 베를린 대학교 교수로 재직 중이던 아인슈타인이 중력에 관한 새로운 이론인 일반 상대성 이론을 발표했기 때문이다.

그가 이 이론을 통해 예측한 내용은 무엇이었을까? 질량이 큰 천체(태양)는 시공간을 휘게 만들기 때문에 질량이 더 작은(가벼운) 천체의 궤도는 질량이 큰 천체 주변을 지날 때 변한다. 이것은 마치 팽팽하게 잡아당긴 식탁보 위에 페탕크 공(무거운 쇠공)을 올려놓는 것

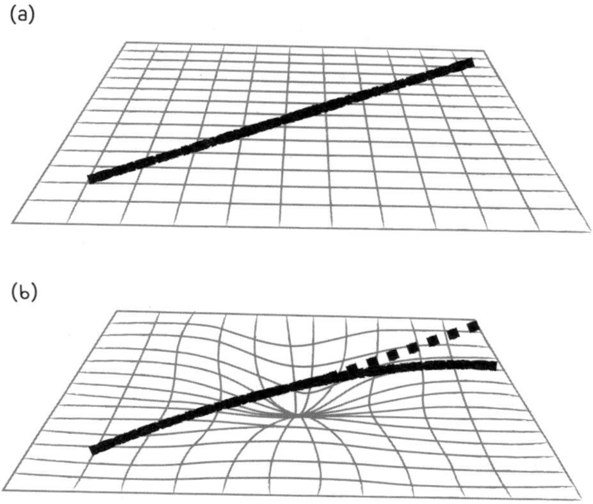

공간이 왜곡되면 햇빛도 휘어진다. 이 이미지를 보면 공간이 2차원의 표면을 가진 것 같다. 거대 질량의 천체가 없을 경우, 빛은 직선으로 나아간다(a). 태양과 같이 질량이 큰 천체가 공간을 휘어지게 하기 때문에 그 천체에 가까워질수록 왜곡이 심해진다(b). 빛은 거대 질량의 천체에 가까이 다가가면서 직선이 아닌 곡선으로 움직인다.

과 같다. 식탁보 한 귀퉁이에 떨어진 구슬은 휘어진 궤도를 따라 페탕크 공 쪽으로 가거나 충분한 초기 속도가 뒷받침될 경우 그 주변을 선회할 것이다. 햇빛도 영향을 받기는 마찬가지다. 진공 상태의 빛은 직선이 아닌 곡선 궤도를 따라가는데, 공간의 변형 정도와 질량에 따라 그 곡선이 달라진다는 것이다.

페탕크 공보다 볼링공이 식탁보를 더 휘어지게 하는 것처럼, 지구보다 공간을 더 휘어지게 만드는 것은 태양이다. 일정한 조건만 갖춰진다면 그 효과를 측정할 수도 있다. 아인슈타인의 이론이 옳다면 일식 때 태양 주변에 보이는 먼 별의 위치는 태양이 없을 때와 비교했을 때 미묘한 차이를 만들어낼 수 있다. 이것은 마치 태양이 빛을 흡수해 우리에게 닿기도 전에 휘어버리는 것과 같다(일종의 신기루 같다). 이렇게 부단한 노력 끝에 에딩턴 경과 동료들은 두 장의 사진을 얻어냈다. 만약 아인슈타인의 주장이 틀렸다면 1919년 11월 6일 이 두 장의 사진은 완벽하게 겹쳐졌을 것이다. 그러나 실제로는 이 두 성단(태양과 함께 찍힌 사진과 태양 없이 찍힌 사진)이 그의 주장대로 1.87초각의 차이를 보여, 결국 아인슈타인의 주장이 옳았음이 입증되었다.

이 탐사대를 결성한 천문학자 프랭크 다이슨Frank Dyson의 설명이 끝나자 크로멜린과 에딩턴이 연구 결과를 발표했다. 홀에는 침묵만이 감돌았다. 스크린에 비친 두 장의 사진이 정확히 겹쳐지지 않는다는 사실에는 의심의 여지가 없었다. 태양 뒤편에 있는 히아데스성단에 약간의 차이가 보였다. 1.87초각의…… 차이.[6] 사람들은 대경실색했다. 천문학자 루트비크 실버스타인Ludwik Silberstein은 자리에서 일어나 뉴턴의 커다란 초상화를 가리키며 "저분의 중력 법칙에 손을 대면 저분께 신세를 지는 겁니다"라고 소리 질렀다. 사람들의 반응은 엇갈렸다. 그의 말을 듣는 사람보다는 웅성거리는 사람이 더 많았다. 회의를 주재한 조지프 존 톰슨은 "이것은 뉴턴 이후 중력 이론을 통해 얻은 가장 중요한 결과입니다"라고 선언했다.

이러한 반응을 이해하려면 먼저 당시 상황을 파악하는 것이 좋다. 200여 년 전부터 대영 제국은 세계의 바다뿐만 아니라 과학계를 주름잡고 있었다. 맥스웰이 전자기장에 관한 방정식을 내놓고, 산업에 전기가 급속도로 도입되던 시절이었다. 켈빈 경은 열역학에 관한 주요 연구를 기반으로 열기관의 개발을 추진했고, 톰슨이 전자를 발견한 지 얼마 안 된 시점이었다. 뉴턴과 맥스웰의 방정식으로 행성의 운동부터 자석의 반응, 전기장과 빛까지 관측 가능한 거의 모든 현상에 대한 설명이 가능해진 상태였다. 모든 것이 너무나 명쾌하고 명백해 보인 나머지 20세기 초에는 더 이상 새로 발견될 것이 없을 거라고 생각한 물리학자까지 등장했다.

그러다가 몇 년 전부터 그러한 생각들이 흔들리기 시작했다. 1901년 1월에는 빅토리아 여왕이 사망했고, 그로부터 두 달 전에는 독일의 물리학자 플랑크가 양자물리학의 기초를 세웠으며, 특히나 유럽은 고통스러운 전쟁을 거치면서 여러 나라로 쪼개진 지 얼마 되지 않은 상황이었다. 세계는 평화를 원하고 있었다. 그런데 때마침 영국인이 독일인의 이론을 입증함으로써 전 세계인의 화합 가능성이 열린 것이다.

언론은 앞다투어 이 소식을 전했다. 「런던 타임」은 〈과학 혁명, 우주에 관한 새로운 이론〉(11월 7일)이라는 기사를 실었고, 「뉴욕 타임스」는 1면을 〈하늘에서 비스듬히 나아가는 빛〉(11월 9일)이라는

기사로 장식했다. 아인슈타인은 언론의 파도에 휘말렸고, 기자들은 그를 익살스럽고 주의가 산만한 천재 과학자의 표본으로 묘사하며 시나브로 하나의 아이콘으로 만들어갔다.

호기심 많은 독자를 위해 일반 상대성 이론이 내포하는 의미를 하나하나 살펴보자.

우주 방정식

3장에서는 1905년에 아인슈타인이 특수 상대성 이론을 발표함으로써 시간과 공간의 개념을 송두리째 바꿔놓았다고 언급한 바 있다. 그러나 이 이론에는 가속 운동과 같이 다뤄야 하는 중력에 대한 언급이 없었다. 아인슈타인은 거기서 한 단계 더 나아가 사고 실험을 반복했고, 생각 끝에 만유인력의 법칙과 특수 상대성 이론을 아우르는 새로운 이론을 정립하기에 이르렀다.

그렇게 탄생한 **일반 상대성 이론**의 기본 방정식은 1915년 11월 베를린에 있는 프러시아 왕립과학원에서 최초로 공개되었다. 그리고 1917년 2월 일반 상대성 이론을 다룬 기사가 실리면서 하나의 용어로 자리 잡았다.

이 방정식(훗날 ***GR* 방정식**General Relativity이라 부른다)은 매우 잘 다듬어져 있어 상세하게 나누어 관찰할 만한 가치가 있다.

$$G_{\mu\nu} = R_{\mu\nu} - \frac{1}{2}Rg_{\mu\nu} = 8\pi GT_{\mu\nu} + \Lambda g_{\mu\nu}$$

이 방정식은 질량이 큰 물체에 의해 휘어진 공간에서 적용되는 뉴턴의 법칙을 일반화한 것으로 볼 수 있다. 따라서 만유인력의 법칙이 아인슈타인의 방정식에 포함되어 있으며, 그 둘은 양립 가능하다는 의미로도 해석할 수 있다.

우주가 거의 평평하다는 가정하에 최대 태양 정도의 질량을 가진 물체 옆을 지나갈 때 *GR* 방정식은 뉴턴의 방정식과 동일하게 적용되므로 이때는 역제곱법칙이 그대로 적용된다. 이는 초고밀도 천체에 가까워졌을 때나 태초의 우주에만 적용되는 경우로, 그 외에는 아인슈타인 방정식의 결과가 달라질 것이다. 이 결과는 중성자별(초신성별의 중력 붕괴로 인해 생긴 초고밀도 천체)의 역학이라는 한정된 범위에서 진행된 실험이나 시공간의 만곡에 의해 발생한 중력 렌즈 효과(빛이라는 전자기파를 휘어지게 만드는 렌즈에 비유)에 의해 증명되었다 (143쪽 글 상자 참고).

그러면 이제 뉴턴의 방정식과 *GR* 방정식의 차이점을 더 심도 있게 분석해보자. 보이는 것처럼 복잡하지는 않으니 지레 겁먹지 않길. 먼저 Λ(람다)라는 용어를 살펴보자. 이 기호는 우주 상수를 의미하는 것으로, 다음 장에서 다시 다룰 것이다.

가장 왼쪽에 있는 $G_{\mu\nu}$부터 살펴보자. G는 시공간의 '기하학적' 정보를 의미하고, 첨자인 그리스어 μ과 ν는 시간과 공간(3까지 있다)

의 좌표를 의미한다. 이들은 설정 방향에 따라 여러 값을 갖는데, 시간을 가리킬 때는 0을 사용하고 길이, 너비, 높이는 1, 2, 3을 쓴다. 수학적으로 말해 $G_{\mu\nu}$는 2텐서tensor로 상대성 이론을 만족시켜주기 위해 일정 조건을 준수하는 일종의 행렬로 볼 수 있다. 이 텐서는 가로 세로가 각각 4줄씩(시공간 좌표만큼)인 숫자표로 나타낼 수 있는데, 이 표에 나타난 G_{11}(가로 2번째, 세로 2번째)은 길이 방향(세로)으로, G_{22}(가로 3번째, 세로 3번째)는 너비 방향(가로)으로 진화하는 모습을 기하학적으로 정의해준다. G_{01}(가로 1번째, 세로 2번째)은 주어진 시간(좌표 0) 안에서 길이 방향(좌표 1)으로 어떻게 변하는지를 보여주고, G_{03}은 주어진 시간(좌표 0) 내에서 높이 방향(좌표 3)으로 어떻게 변하는지 등을 보여준다. 예를 들어, 고무줄을 당겨 일정 시간 내에 길이가 얼마나 늘어나는지를 G_{01}이라는 값으로 변환시키고, 고무풍선에 바람을 넣었을 때 그 표면에 일어나는 기하학적 변화를 하나의 시간과 2차원 공간 안에서 표현하는 것이다.

이 $G_{\mu\nu}$라는 텐서값은 일종의 **계량법**으로, 일정한 시간과 공간에서 어떻게 측정해야 하는지 규정하는 것이다. '1m' 거리를 잴 때 단단한 목재가 아니라 고무로 된 자를 사용하면 시간이 흐르면서 고무자가 열에 의해 팽창되어 그 거리가 변할 것이다. 이것이 우리가 일반 상대성 이론의 틀 안에서 우주를 바라보는 시각이다. 우주의 기하학은 시간에 따라 변하며, 심지어 모든 공간에서 똑같지 않다. 지구 주변과 블랙홀 근처의 모습이 확연히 구분되는 것만 봐도 알 수 있다.

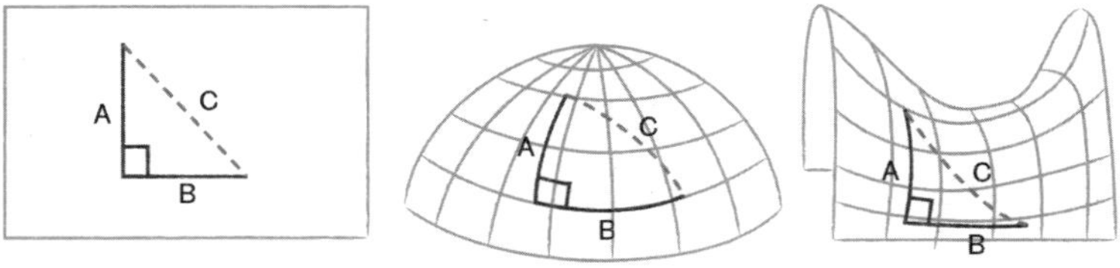

유클리드적 평면을 제외하고는 피타고라스의 정리($A^2 + B^2 = C^2$)가 성립하지 않는다.

그렇다면 여기서 '기하학'을 언급하는 이유는 무엇일까? 왜냐하면 우주 기하학은 책상 앞에 앉아서 글만 보고 이해할 수 있을 만큼 간단하지 않기 때문이다. '삼각형의 내각의 합은 180도'라거나 '평행선은 영원히 교차하지 않는다'와 같은 명제들은 편평한 종이 위에서만 유효하다. 이것을 우리는 기원전 4세기경 그리스의 수학자 유클리드가 구축한 수학 체계라고 하여 '유클리드 기하학'이라고 부른다.

하지만 주위에 있는 물체들을 잘 살펴보면 완벽하게 편평한 것은 찾아보기 힘들다. 심지어 피타고라스의 정리도 위 그림과 같은 구나 말의 안장에는 적용할 수 없다. 우리가 살고 있는 구부러진 우주에 이러한 명제들이 적용되지 않는 것은 어찌 보면 당연하다.

그러던 1851년 어느 날 독일의 수학자 베른하르트 리만Bernhard Riemann이 유클리드 이론에 도전장을 내밀며 구와 원통, 말안장에까지 이론을 적용했다. 리만은 곡면에서의 도형을 연구해 훗날 '리만 기하학(리만 계량)'이라 불리는 학문을 창시했다. 앞에서 언급한 *GR* 방정식에서 $R\mu\nu$은 **'리만 텐서**Riemann Tensor'라고도 불린다.

이제 1/2 계수에 이어지는 항을 살펴보자. R은 공간에서의 곡률

반경을 측정한 값으로 스칼라 곡률scalar curvature(또는 리치 스칼라Ricci scalar)을 의미하며, 리만 텐서와도 관련되어 있다. $G_{\mu\nu}$는 공간의 형태를 결정하는, 물질에 직접적으로 작용하는 계량의 일부를 의미한다. 바로 이 부분이 운동 방정식에 속하는데, 이는 마치 휘어진 식탁보 위에 떨어뜨린 구슬의 모습처럼 입자들이 따라올 필드 라인을 정의해준다.

이제 방정식의 좌변에 있는 내용, 즉 $G_{\mu\nu}$에 대한 설명은 모두 끝났다. 그렇다면 아직 살펴보지 않은 우변에는 또 어떤 이야기가 담겨 있을까?

G는 중력 상수를 의미하는 것으로, 우주가 편평할 때(유클리드 기하학) 그 유명한 뉴턴의 법칙을 적용할 수 있도록 해준다. $T_{\mu\nu}$ 또한 텐서를 의미하는 것으로, '**에너지-운동량 텐서**energy-momentum tensor' 또는 '**스트레스-에너지 텐서**stress-energy tensor'로 불리며, 우주 내의 에너지와 운동량을 여러 요소로 나눠서 나타내준다. 이는 펌프로 자전거 바퀴에 바람을 넣을 때 일정한 방향(T_{11})으로 힘이 들어가는 것과도 같다.

결국, 아인슈타인이 이 방정식(**중력장 방정식**Gravitational field equation이라 부름)을 통해 우리에게 말하고자 한 것은 이것이다.

$$\text{기하학}(G_{\mu\nu}) = \text{에너지}(T_{\mu\nu})$$

요약하면, 방정식의 좌변은 시공간의 기하학(곡률)을 나타내고,

우변은 에너지의 양을 나타낸다. 이로써 아인슈타인은 뉴턴의 중력 개념을 폐지하고, 질량이 큰 물체들이 원거리에서 서로 영향을 주고받는 편평한 시공간을 중력장을 뺀 곡선의 시공간으로 바꾸었다. 아인슈타인은 자신이 주장한 에너지 원칙을 기하학의 범주로 끌어 올렸고, 모든 우주 물리학을 그 기하학에 맡겨버린 것이다.

이렇게 행성들은 뉴턴의 예상대로 편평한 공간에서 곡선을 그리지 않고, 곡선의 우주 속에서 **직선**geodesic(**측지선**)을 그렸다.

이제, 비유를 통한 설명이 필요한 시점이다. 여러분이 계곡에 살고 있고, 산 너머 옆 계곡에는 사촌이 살고 있다고 가정해보자. 땅이 편평하다면 사촌 집에 가는 가장 짧은 길은 당연히 직선일 것이다. 그러나 위와 같은 상황에서 그 직선의 경로 안에 눈 덮인 봉우리라도 끼여 있으면 사촌은 몇 주 뒤에나 볼 수 있을 것이다. 편평한 땅의 표면이 변형되면서 산이 만들어지는 것이기 때문에 실제로는 산을 피해 곡선으로 가는 편이 더 빠를 것이다.

《 우주는 물질이 어떻게 움직여야 할지 알려주고 물질은 우주가 어떻게 휘어져야 하는지 알려준다. 》

존 휠러

여기서 산이 만들어지는 과정처럼 우주도 에너지($T_{\mu\nu}$)에 의해 변형되는데, 이렇게 변형된 공간에서는 빛과 물체가 중력과 같은 외력의 영향을 받지 않는다. 이때 행성과 소행성들이 찾은 지름길이 직선인 경우는 드물다.

현미경 속 환상

광학 렌즈는 지나가는 빛다발을 휘어지게 하여 물체의 상을 변형시키는데, 이와 유사한 효과가 아인슈타인의 중력 이론에도 언급되어 있다. 중력 렌즈라고 불리는 이것은 1979년에 최초로 관측되었다.

허블 우주 망원경으로 촬영한 나선 은하와 타원 은하들의 이미지.
중간에 있는 SDSSJ0146-0929 은하단의 질량이 주변 은하계의 모습을 왜곡시킬 만큼 커서 '아인슈타인 고리Einstein Ring'라는 시각적 환상이 만들어지기도 한다.

이 효과는 원거리 광원(예를 들면, 은하계)과 관찰자 사이에서 벌어지는 물질의 압축에 의해 발생한다. 광원에서 나오는 빛이 압축된 물질의 곁을 지나면 그로 인해 주변의 시공간이 휘어지고, 궤도에도 큰 교란이 일어난다. 그러면 관찰자는 변형된 원거리 광원의 이미지를 볼 수 있고, 더 나아가 빛이 압축된 물질 주변에서 여러 방향으로 뻗어나가 여러 개의 상을 볼 수 있다.
중력 렌즈 효과는 궤도상 물질의 질량에 비례해 나타나며, 이것을 관찰함으로써 빛을 많이 발산하지 않는 물체의 질량을 측정하는 데 유용하게 쓰일 수 있다.

우주에서 물체의 운동을 결정하는 *GR* 방정식은 매우 간결하게 표현되어 있다. 우주를 통합적 존재로 보기 때문이다. 그 덕분에 우리는 다음 장에서 살펴볼 내용처럼 이 방정식을 통해 여러 우주 모델을 정의하고, 블랙홀이나 중성자별과 같은 이례적인 대상의 특성을 연구하며, 중력파의 존재를 예견할 수 있다. 그러나 불행히도 행성의 운동과 같이 자명한 일에 대해서도 수학적으로 답을 구해야 한다는 점에서 방정식이 복잡하게 느껴지기는 한다.

여기서 말하는 방정식의 해라는 것은 시공간을 계량한 것이며, 이는 어림값으로 구해지는 경우가 많다. 그러다 보니 과학자들은 구와 같이 식별 가능할 정도로 대칭이 완벽한 경우(다음 장에서 블랙홀에 대해 다룰 때 다시 언급하겠다)에만 아주 정확한 해를 구할 수 있다.

궁극의 이론을 향하여?

아인슈타인의 일반 상대성 이론은 에너지의 양을 가지고 우주를 기하학적으로 표현했기 때문에 뉴턴이 사용한 힘의 개념 없이도 중력에 새로운 틀을 제시하는 데 성공할 수 있었다. 그렇다고 일반 상대성 이론이 역사의 마침표가 될 수는 없을 것이다. 왜냐하면 전자기력에 대한 이론 설명이나 뒤이어 다룰 우주에 존재하는 네 가지 힘에 대한 내용이 포함되지 않았기 때문이다. 그러나 물리학자들은 아인슈타인의 이 이론이 자연의 모든 물리학적 현상에 대한 설명을 담고 있는 '궁극의 이론'으로 가는 큰 발걸음이었다고 입을 모은다.

5장

오늘날의 뉴턴

20세기 후반부터 과학자들은 자연을 지배하는 네 가지 기본적인 힘에 대해 통일된 설명을 찾으려 했으나, 결코 쉽지 않았다. 맥스웰과 아인슈타인의 이론을 양자라는 같은 틀에 넣는 것 자체가 진정한 도전이었기 때문이다!

암흑 물질의 미스터리

당대 사람들이 그랬듯 뉴턴도 하늘, 특히 우주의 거대함에 매료되어 있었다. 지구와 태양계 모두에 작용하는 중력에 대한 해답을 찾은 뉴턴은 새로운 시각으로 우주라는 더 큰 세상을 바라보려고 했다. 뉴턴은 자신이 제시한, 무한의 거리까지 순식간에 미칠 수 있는 그 힘만으로는 영구불변의 세계를 설명할 수 없다는 것을 알고 있었다. 우리가 관찰한 것처럼, 별들의 밀집도에 약간의 변화만 생겨도 우주는 중력의 끌어당기는 힘 때문에 붕괴할 수 있다. 물론 당시 뉴턴에게는 은하계 내에서 별의 움직임이나 은하계 집합체 내에서 은하계의 모습을 관찰할 도구도, 방법도 없었다.[1] 하지만 관찰할 수 있었다면 아마 경악을 금치 못했을 것이다. 1933년에 스위스 출신 천체물리학자 프리츠 츠비키Fritz Zwicky가 별들의 움직임을 보고 그랬던 것처럼.

츠비키는 사실 **초신성**supernova(진화의 마지막 단계에 이르러 폭발함으로써 일시적으로 은하계 전체를 비출 만큼 밝게 빛나는 특별한 별)에 관해 연구한 경험도 있고, '**지친 빛 이론**theory of tired light'이라는 현실과 다소 동떨어진 아이디어들을 제안한 적도 있었다. 물론 나중에 이 이론은 폐기되었지만. 캘리포니아에 있는 윌슨산 천문대에서 새로운 별을 관찰하던 츠비키는 일부 은하의 움직임에서 특이점을 포착했다. 뉴턴의 법칙으로 예측한 속도보다 훨씬 빠르게 이동하는 것처럼 보였던 것이다.

은하와 행성들의 움직임을 비교해보면 이해하기 쉽다. 태양계 행성들을 예로 들면, 태양 주변을 도는 수성의 공전 속도(시속 173,000km)는 목성(시속 47,000km)보다 빠르다. 에너지 면에서 보면 목성은 태양에서 더 멀리 떨어져 있기 때문에 강력한 중력 위치 에너지와 약한 운동 에너지(1장에서 설명한 나무에 매달린 사과와 비슷하다)

를 갖지만 수성은 반대다. 이렇게 궤도상에 있는 행성의 속도를 측정하면 간접적으로나마 행성의 위치 에너지를 알 수 있고, 궤도를 따라가는 별의 질량도 파악할 수 있는데, 이를 물리학 용어로 **비리얼 정리**virial theorem라고 한다.

1933년, 츠비키는 **머리털자리 은하단**Coma Cluster of galaxies이라 불리는 은하계의 무리에 이 정리를 적용했다. 뉴턴이 태양 주변을 도는 행성들의 공전 속도를 계산해 태양의 질량을 계산했듯이, 츠비키는 은하단의 구성원으로서 그 주변을 돌고 있는 은하의 개별 속도를 통해 은하단의 질량을 계산했다. 이 움직임들이 태양계의 이동만큼 질서정연하지는 않았지만, 츠비키는 관찰을 통해 그중 여러 개의 평균 속도를 도출해냈다. 그런데 초당 100km 정도를 넘지 않을 거라는 예상과 달리 초당 몇천 킬로미터가량의 속도가 나왔을 때, 그는 얼마나 놀랐는지 모른다. 이는 모든 **가시적인** 은하의 구성물이 가진 질량을 합한 값의 400배에 해당하는 질량 값이었기 때문이다. 그는 이렇게 결론을 내렸다.

> 만약 (이 관측 결과가) 확실하다면, 우리는 보이는 물질보다 암흑 물질의 양이 훨씬 더 많다는 놀라운 결과를 얻게 된다.

이 가설 속 '암흑 물질'은 직접 관찰할 수 없기 때문에 아무리 관찰해도 드러나지 않았던 것이다. 츠비키는 의도치 않게 판도라의 상자를 열었고, 100여 년이 지난 지금도 우리는 그 상자를 닫지 못하고 있다.

대안, 중력을 바꾸다

츠비키 이후 그와 유사한 것을 관측한 물리학자들이 등장했다. 1939년, 호레이스 밥코크Horace Bobcock는 논문을 쓰다가 우리와 가장 가까운 은하인 안드로메다의 공전 속도를 측정했는데, 1918년부터 이 나선 은하가 자전하면서 우리에게 가까워졌다는 사실을 발견했다. 밥코크의 계산으로 안드로메다 외부에 있는 별들이 보여주는 공전 속도가 보이는 별로만 은하의 질량이 이루어졌을 경우 예상되는 속도보다 훨씬 더 빠르다는 사실을 알게 되었다. 밥코크는 암흑물질의 존재를 확실하게 단정 짓지는 않았으나, 그 정도 속도를 내기 위해서는 그만큼의 질량을 가진, 보이지 않는 별들이 존재하며, 그 빛이 우리에게 닿지 않는 것은 성간 가스로 가려졌기 때문이라고 추정했다.

1969년, 미국의 천문학자 베라 루빈Vera Rubin과 윌리엄 포드William Ford는 여러 은하의 경우를 측정해 전보다 정확도 높은 결과를 얻어냈다. 모든 은하에는 별이나 행성, 성간 가스보다 보이지 않는 물질이 더 많이 함유되어 있는 것 같았다. 그러나 이 모든 관측 결과에도 불구하고, 암흑 물질 가설은 1970년대가 되어서야 만장일치로 받아들여졌다. 어쩌면 중력 법칙을 수정해야 한다는 사실보다 이 가설을 부정하는 것이 더 편리했기 때문인지도 모른다. 바로 앞 장에서 봤듯이, 아인슈타인은 이 중력이라는 기념비적 이론을 몇 차례 수정했다. 그렇다면 왜 계속해서 수정하지 못한 것일까? 별들 간의 인력이 태양계를 다스리는 법칙과 다른 법칙을 적용받는 것일 수도 있기 때문이었다. 이는 태양계에서 통하는 법칙이 은하계와 은하단의 규모에는 적용되지 않는 것일 수도 있다는 의미였다.

수정된 중력 이론은 널리 퍼져나갔고(그 가운데 가장 유명한 이론들은 1980년대 등장한 것으로, 수정 뉴턴 역학MOdified Newtonian Dynamics이라는 의미의 MOND라고 불렸다), 그 후 아인슈타인의 일반 상대성 이론을 수정한, 더 진화된 모델이 뒤를 이었다. 뉴턴의 아이디어도 손봤는데 아인슈타인의 아이디어라고 재고하지 못할 이유가 있었을까? 그렇게 탄생한 이 모델들은 한층 더 이국적인 이름을 갖고 세상에 나왔다. 그 가운데에는 2004년에 만들어진, 가장 공들여 만든 이론 가운데 하나인 텐서-벡터-스칼라TeVeS 이론을 빼놓을 수 없다. 이 모델들 간의 공통점이라면 시공간이 추가적으로 더 많이 구부러지면 별의 속도가 과도하게 빨라진다는 설명을 하기 위해 일반 상대성 이론을 언급하면서 앞서 소개한 계량법을 조절했다는 점이다. 지금으로서는 모든 실험 결과를 아우를 수 있는 이론이 존재하지 않는 셈이다.

총알 은하단bullet clusters에 관한 관측 내용을 설명해줄 이론도 아직은 없다. 이 은하단은 37억 광년[2] 떨어져 있는 것으로, 두 은하단의 충돌로 인해 생성되었다. 2006년에 연구자들이 X선(보이는 물질로 만들어졌으며, 가스에 의해 방출된다)과 중력 렌즈 효과(보이지 않는 질량을 나타내는 지도와 같다)로 얻은 이미지들을 비교해봤더니 명확히 구분되었다. 질량 대부분은 충돌 이후에도 별다른 상호작용 없이 상태를 유지한 반면, 두 은하단에 속한 가스 구름은 암흑 물질에서 분리되어 나가 그 충격의 중심에 다시 모였다. 이러한 관측 결과는 보이는 물질과 암흑 물질이 구별됨을 보여주는 좋은 증거가 되었다.

솔직히 말해 지금으로서는 암흑 물질의 특성에 대한 추가 정보가 없다. 이 물질은 양성자보다 질량이 30배가량 적을 정도로 아주 가벼울 수도 있고, 양성자의 18배에 달하는 무게를 가질 정도로 아주 무거울 수도 있다. 게다가 이 물질들은 매우 '수줍음이 많아서' 검출기에 들어 있는 물질과 상호작용하지 않거나 활발히 상호작용하더라도 태양계 근처에 잔류하는 일이 별로 없을 수도 있다. 한마디로, 아직 우리가 놓은 이 두 가지 덫에 걸리지 않고 있다……. 중력 이론을 수정할 때처럼 다른 대안이 없는 상태에서, '암흑 물질'이 될 수 있는 어떤 후보도 발견되지 않았다는 점에서 과학자들은 실망을 금치 못하고 있다. 하지만 언젠가는 새로운 실험을 통해 진실이 밝혀질 것이다.

암흑 물질을 찾아서

나 또한 암흑 물질 분야를 연구하는 사람으로서, 학생들로부터 이런 질문을 심심치 않게 받는다. “우주에 있는 암흑 물질이 보이는 물질보다 10배나 더 많다면, 왜 우리는 지구에서 그 효과를 느끼지 못할까요?”

사실 모든 것은 범위의 문제다. 지구, 태양계, 더 나아가 우리를 둘러싼 별들 정도의 범위에서는 일반적인 물질들이 그 역학을 지배하고 있다. 지엽적으로 봤을 때 지구상에는 $1cm^3$당 암흑 물질의 양이 $0.3GeV^3$에 불과하다. 양성자 한 개 질량의 1/3 정도에 해당하는, 한마디로 작은 먼지 정도밖에 안 된다. 이런 이유로 뉴턴은 운동 법칙을 정립할 때 그것을 고려하지 않았다. 그 덕분에 우리가 쏘아 올린 로켓과 우주인들을 궤도에 진입시키기까지 만유인력의 법칙에 온전히 기댈 수 있는 것이다. 그렇다면 우주의 질량 가운데 압도적인, 이 보이지 않는 물질은 과연 어디에 있는 것일까?

수학적 모델에 따르면, 우리은하에서는 암흑 물질이 대부분 은하 중심에 있는 블랙홀, 즉 **궁수자리**Sagittatius 블랙홀 주변에 모여 있다. 이 초대질량 블랙홀은 태양보다 400만 배가량 무겁고, 그 주변에 어마어마한 양의 암흑 물질이 응집해 있다. 그래서 이를 연구하는 사람들은 그곳에서 실험을 하지 못할 바에야 입자의 압축으로 생기는 징후들을 지구에서도 관찰하길 바랄 뿐이다. 두 개의 암흑 물질

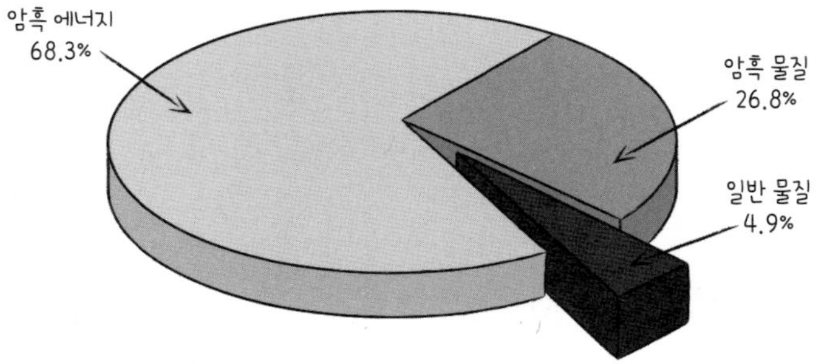

우주의 에너지 구성표. 우리에게 알려진 물질은 일부분에 불과하다.

입자가 만나면 광자, 더 나아가 전자, 중성 미립자 또는 양성자까지 방출하면서 소멸된다. 암흑 물질이 우리은하 체계, 더 나아가 몇천만 광년 떨어진 곳의 역학을 지배한다는 것은 그곳의 운동 법칙을 지배하는 새로운 형태의 에너지가 증명되는 셈이니 놀라지 않을 수 없다. 이것이 바로 이름도 신비로운 **암흑 에너지**다.

암흑 물질의 국지적인 밀도가 높지는 않지만, 이 분야를 연구하는 팀은 전 세계적으로 50여 개가 넘는다. 이들은 종류별 채집망을 사용하는 나비 수집가의 마음으로 모든 크기와 형태별 함정을 설치하고 있으며, 이들 가운데는 은하의 중심에서 두 개의 암흑 물질 입자가 충돌했을 때 생기는 '스파크'를 지구상이든 우주에서든 장소와 관계없이 탐지하고자 하는 팀들도 있다. 이는 2008년 이래로 지구 주변을 돌고 있는 페르미 감마선 우주 망원경FERMI과 나미비아에 설치된 고에너지 스테레오스코프 시스템 전파 망원경HESS을 통해 연구의 실마리를 얻었다. 또 지구 대기권에서 생성되거나 태양에서 방출된 입자들이 다량 유출되면 측정에 방해가 된다고 판단해 몇백 미터 깊이의 갱도에 들어가 연구하는 팀들도 있다. 이들은 갱도 내에 대형 탱크를 설치하고 액체 제논 몇 톤으로 그 속을 채운 뒤 암흑 물질 입자가 하나라도 우연히 제논 원자와 충돌해 스파크가 일고, 탱크 주변에 설치된 검출기들이 이를 포착해 기록하기를 고대하고 있다. 현재 유럽과 미국, 중국 국적의 연구 팀이 각각 XENON, LUX-LZ, PANDA-X라는 이름으로 연구에 몰두하고 있다.

끈질긴 연구자 몇몇은 전 세계적으로 가장 잘 보존된 청정 지역인 남극 동토 속(깊이 1.5~2.5km 사이)에 5,000개 이상의 검출기를 설치하기도 했다. **아이스큐브**IceCube라 불린 이 실험은 여러 나라의 재정 지원을 받아 **우주**에서 온 것으로 추정되는 중성미자, 즉 천체물리학에서 말하는 대재앙에 가까운 사건들(초대질량 블랙홀 주변에서 일어나는 에너지가 아주 강한 입자들끼리의 충돌이나 초신성)이 발생할 때 생성된 물질들을 검출하고 암흑 물질 입자의 흔적을 찾기 위해 시작되었다. 또 스위스 제네바에 있는 유럽입자물리연구소CERN에서 거대 강입자 가속기LHC 연구에 몰두하는 사람들도 있다. 이 세계 최대 규모의 가속기는 거대한 고리 모양 터널 안에서 입자를 초고속으로 가속해 충돌시킨 다음, 전례 없는 규모의 거대 에너지를 만들어 태초의 우주와 유사한 조건을 조성하고, 암흑 물질을 직접적으로 발생시켜 검출하기 위해 만들어졌다.

은하의 내외부를 막론하고 뉴턴의 법칙을 조금이라도 변형시켰을 때 뒤따를 수많은 이론과 출판물을 비롯한 여러 파급 효과를 충분히 알기에, 전 세계 과학자들은 지금 강한 책임감과 사명감을 갖고 연구 체계를 정립해나가고 있다. 이러한 과학자들의 시도가 쌓여 언젠가 이 신비로운 입자의 정체가 밝혀지겠지만, 여기서 한 가지 분명한 사실은 그 노력만큼은 노벨상을 받을 만한 가치가 있다는 것이다.

힘의 개념을 확장시키다

오늘날 물리학계의 화젯거리로 떠오르는 또 다른 분야는 바로 20세기에 대통일 혁명을 겪은 아원자 세계와 관련된 힘이다.

앞서 소개된 내용을 통해 우리는 뉴턴이 자연에 존재하는 힘들을 모두 아우를 수 있는, 통합된 이론에 목말라했다는 것을 잘 알고 있다. 그가 빛의 입자성을 이용해 굴절 현상을 설명하는 부분(빛의 입자들이 다른 매질의 경계면을 지날 때 여러 힘에 의해 진행 방향이 꺾이는 것)만 봐도 그렇다. 물론 나중에는 오귀스탱 프레넬과 토머스 영이 실험을 통해 이를 반박하기는 했지만, 하나의 통합된 설명으로 우리 주변에서 관찰할 수 있는 여러 자연 현상을 이해할 수 있다는 것은 과학자로서 큰 의미를 갖기 때문이었을 것이다. 그런 의미에서 전기와 자기의 힘을 합친 제임스 클러크 맥스웰(1875년) 또한 같은 마음이었을 것이다.

그리고 한참 뒤에는 약력(약한 상호작용 또는 약한 핵력)과 강력(강한 상호작용 또는 강한 핵력)이라는 두 종류의 힘이 새롭게 등장하면서 원자와 아원자 단계의 현상들까지 설명할 수 있게 되었다. 약력은 방사성 붕괴의 원인이 되는 힘으로 핵분열에 관여하고, 강력은 원자핵 안에 있는 양성자들이 서로 묶일 수 있도록 안정시키는 힘으로 단거리에서 작용한다.

그러다가 1974년에 이르러 네 가지 기본 힘(뉴턴 시대보다 세 개 추가)만으로도 무한대에서 무한소까지 세상의 모든 현상을 설명할 수 있었고, 이러한 통합 작업은 현대 물리학의 기념비적 성과인 '표준 모형'과 함께 마무리되었다. 이 표준 모형을 통해 세 가지 상호작용이 마치 **대통일 이론**Grand Unified Theory, GUT에 등장하는 힘의 대표 격으로 소개되었다.

사실, 중력은 아원자 차원에서는 무시해도 될 정도로 가장 약한 힘을 가졌기 때문에 네 가지 기본 힘에 흔쾌히 포함시키기 어렵다. 물론 중력의 효과를 확실히, 그것도 매일 느끼는 우리에게는 중요할 수 있다. 그것은 아마 중력이 아주 먼 거리에서도 작용하고, 인력의 형태로 나타나는 데다 그 효과가 합해진다는 점 때문일 것이다. 무거운 냉장고를 들 때 냉장고를 이루는 **모든** 원자와 지구를 구성하는 **모든** 원자 간의 인력을 상쇄시킬 만큼의 힘을 주어야 하니, 이렇게 효과가 더해지면 큰 힘이 된다는 것을 체험한 우리에게는 중력이 중요할 수밖에 없는지도 모른다.

힘과 입자들이 이루는 세계

입자물리학의 표준 모형은 우리가 사는 세계를 구성하는 아원자들 간의 결합과 이 세계를 지배하는 기본 힘(**상호작용**이라고도 한다)에 대해 설명하는 이론이다. 여기에 언급된 네 가지 기본 힘은 입자에 의해 운반되며 그 가운데 일부는 우리에게도 친숙하다. **광자**가 매개하는 전자기력, **글루온**gluon이 매개하는 강력, **W보손**boson과 **Z보손**이 매개하는 약력이 있으며, 가설 속의 **중력자**graviton가 매개하는 중력 상호작용이 합쳐져 이 이론이 비로소 완성된다.

물질을 이루는 입자는 12종류가 있는데, 양성자proton를 구성하는 6종의 **쿼크**quark와 3종의 **경입자**lepton(전자), 그리고 상호작용이 별로 없어 유령 입자로 분류되는 3종의 **중성미자**neutrino가 있다. 이 입자들은 각각 반물질antimatter로 구성된 반입자antiparticle를 갖는다.

2012년부터 여기에 유럽입자물리연구소에서 개발한 힉스Higgs 보손이 추가되었는데, 이 입자는 모든 기본 입자(광자, 글루온, 중력자처럼 질량이 없는 입자는 제외)에 질량을 부여하는 역할을 한다.

여러 가지 이유로 미루어보아, 위에서 언급한 입자들이 모두 암흑물질의 후보가 될 수 있기 때문에 21세기 물리학자들은 그것을 밝혀내 이 모형을 완성하려는 것이다.

전자기력은 서로 같은 전하 간에 생기는 척력과 다른 전하 간에 생기는 인력으로 설명할 수 있으며, 전기적 중립성을 띠는 원자 때문에 일상생활에서는 이 힘을 경험할 일이 많지 않다(지구의 중력에 저항하며 냉장고 벽에 붙어 있는 자석의 경우는 제외). 원자핵에서 양성자와 전자 사이에 작용하는 중력 끌림은 그것을 미는 전자기력보다 2,000,000,000,000,000,000,000,000,000,000,000,000,000(2×10^3)배나 약하며, 약력은 단거리에서, 강력은 원자핵의 중심에서 작용한다.

모든 물리학자의 꿈은 양자물리학의 틀 안에서 이미 통일된 힘들과 뉴턴의 중력(아인슈타인이 수정한 것)을 하나로 아우를 수 있는 일반 이론을 찾는 것이다. 끈 이론string theory과 같은 모델은 적용 가능한 부분만 예상하고 추출해 그 유효성을 인정받기가 만만치 않아 그 과정이 복잡할 것이다.

그와 유사한 것으로 장 이론field theory(고전적인 입자물리학 이론의 하나)에 속하는 초중력supergravity을 예로 들 수 있는데, 이는 중력미자gravitino 같은 새로운 입자의 개념을 도입하는 계기가 되었다. 암흑물질의 후보로 거론되는 중력미자 덕분에 네 가지 기본 힘 가운데 중력이 포함될 수 있었고, 이를 통해 우주의 가장 큰 미스터리 가운데 두 개는 해결된 셈이다.

오늘날 이 분야 연구가 활발히 이루어지고 있기는 하지만 불행히도 현재 기술로는 이러한 모형들을 지구상에서 테스트할 정도의 충분한 에너지를 얻지 못했다. 따라서 지금 더 현실적인 해결책으로

선 상상을 초월할 만큼 맹렬한 힘으로 우주 현상들을 만들어내는 그 에너지가 존재하는 곳, 즉 하늘을 바라보는 것뿐이다.

전약력 이론에서 모든 것의 이론에 이르기까지

1973년에서 1983년 사이, 과학자들은 전자기력과 약력이 합쳐져 전약력Electroweak force이 되는 데 필요한 에너지가 양성자 질량의 100배(100GeV)에 달한다는 사실을 확인했다. 대통일 이론에 따르면 강력과 전약력이 합쳐지기 위해서는 10^{16}GeV의 에너지가 필요하다.

플랑크 길이 Planck length라 불리는 10^{19}GeV의 에너지를 가질 때 비로소 중력까지 합쳐질 것이다. 그러면 우주 형성 초기에 존재했던 모든 힘은 하나의 이론(끈 이론, 초중력 등)으로 설명될 것이다.

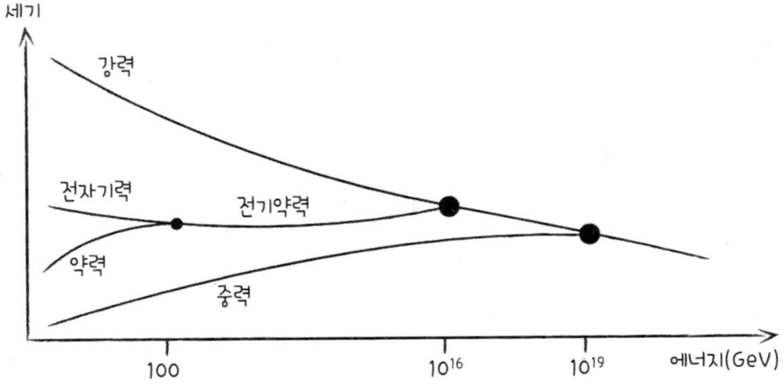

네 종류의 힘은 플랑크 길이에서 합쳐지는 경향이 있다.

에너지 개념의 확장

중력에 관한 뉴턴과 아인슈타인의 주장은 우주의 운명과 그 기원을 밝히기 위해 만들어진 우주론으로 적용 범위가 한정되며, 아인슈타인은 우주의 신비를 이해하는 과정에서 '인생 최대 실수'를 저질렀다고 고백하기도 했다.

우주론은 여러 해 동안 천문학 중에서도 매우 난해한 분야로 여겨졌다. 1953년, 천체물리학자 에드윈 허블Edwin Hubble이 사망하기 전까지 우주론 연구로 노벨 물리학상을 받은 이가 없는 것만 봐도 알 수 있다. 자료의 사실 여부를 확인할 수 없다는 점과 당시로서는 완벽히 이해하지 못한 이론(일반 상대성 이론)에 기반한 학설들을 반증할 방법을 찾지 못한 것이 이유였다.

1919년 개기일식 때 태양 주위를 지나는 빛이 휘어지는 것을 발견해 과학적 쾌거를 이룬 이래 진정한 의미에서 진보는 아직 요원하다. 시공간 왜곡 이론을 입증할 만한 결정적 자료를 찾지 못했기 때문이다. 그러나 앞 장에 소개된 아인슈타인의 *GR* 방정식 가운데 특히 '시간'이라는 지표($\mu = 0$)에 주목하면(즉, 우주의 진화를 고려하면) 흥미로운 해를 얻을 수 있다. 그러니 이제 새로운 관측 도구들을 통해 그것을 입증해줄 자료만 찾으면 된다.

당시 뉴턴은 중력이 지배하는 우주의 운명에 대해 자문한 적이 있다. 처음에는 단순히 중력 끌림에 의해 별과 행성을 비롯한 모든

« 무한 공간의 모든 입자가 각자의 위치를 정확히 파악해 제자리를 잡고, 완벽한 균형을 이룰 거라고 가정하는 것은 무리다. »

아이작 뉴턴이 리처드 벤틀리Richard Bentley에게 쓴 편지 중에서, 1692

물질이 서로 가까워지고 결국에는 뭉쳐질 거라고 생각했다. 이 예상대로라면 우주는 불변하거나 영원히 지속되는 것이 아니라 별들끼리 서로 부딪쳐 붕괴하고, 주변의 모든 행성이 잿더미가 되는 비극을 맞이해야 한다. 세상의 종말이라는 시나리오는 평온하고 고요한 밤하늘을 보다가 갑자기 나온 것이 아니라 이런 맥락에서 탄생했을지도 모른다. 뉴턴은 여기에 우주의 무한함을 접목시켜 원거리에서는 중력이 약해지니 저 멀리 별들이 생기더라도 그에 대한 영향력이 감소하는 일종의 대칭성 있는 균형이 이루어질 거라고 예상했다.

하지만 불행히도 이 무한한 우주조차 분명히 별과 행성들이 엉겨 붙어 덩어리를 이루는 쪽으로 진화할 것이다. 그런데 만약 우주가 무한한 시간 동안 존재해왔다면, 우리가 관측한 것과 왜 일치하지 않는 걸까?

아인슈타인은 1915년에 발표한 기존 *GR* 방정식(일반 상대성 이론)이 이런 문제를 야기할 거라고 직감해, 1917년에 우주 상수 Λ라는 새로운 개념을 도입했다. 이는 우주에 존재하는 유체와 같아서 우주 내에 균일하게 분산되어 있으며, 중력을 상쇄시킬 만한 척력

repulsive force을 만들어내는 것을 의미했다. 아인슈타인은 거시적 관점에서 보면 우주가 과거에도, 현재도, 미래에도 매우 정태적인 모습을 보일 거라고 생각했으며, 실제로 당시에는 이 가설을 반증할 어떤 자료도 관측되지 않았다.

그러다가 1929년에 이르러 천문학자 에드윈 허블이 관측한 자료를 통해 우주가 팽창하고 있다는 사실이 입증되었다. 허블은 우리를 둘러싼 은하의 속도를 계산해 기존 후퇴 속도보다 더 빠른 속도로 멀어지고 있음을 알아냈다. 이는 두 배 더 먼 곳에 있는 은하가 우리에게서 두 배나 더 빨리 멀어진다는 의미였다! 그러자 아인슈타인은 서둘러 방정식에서 우주 상수를 지웠는데(잘못된 결정이었다), 이는 우주 상수가 일반 상대성 이론에 필수적인 부분은 아니라고 생각했기 때문이다.

적색 편이

허블은 먼 곳에 있는 은하들이 멀어지는 속도(후퇴 속도)를 어떻게 계산했을까? 그는 은하에서 뿜어져 나오는 빛의 스펙트럼으로부터 **적색 편이**redshift라 불리는 것을 측정했다. 이는 어떤 은하가 빠른 속도로 후퇴할수록 그 스펙트럼은 파장이 긴 붉은색 쪽으로 치우치고(적색 이동), 반대로 가까워질수록 파장이 짧은 파란색 쪽으로 치우치는(청색 이동) 현상을 의미했다. 여러 요소가 보여주는 특징적인 줄무늬(3장 참고)와 은하에서 방출되는 빛의 스펙트럼에 나타난 줄무늬를 비교해 우리 위치에서 은하가 이동하는 속도를 계산한다는 논리다.
구급차의 사이렌 소리가 관찰자에게서 멀어질 때는 낮은 음으로 들리고(음파의 파장이 길어진다), 가까워질 때는 높게 들리는(음파의 파장이 짧아진다) 것도 도플러 효과Doppler effect가 소리에 적용될 때 나타나는 현상이다. 원거리 은하들의 경우에는 우주 팽창에 의한 공간 확대로 이러한 현상이 발생하기 때문에 이를 감안해서 관측해야 한다.

우주 상수의 역할에 대해 좀 더 자세히 살펴보자. 우주에 존재하는 물체의 중력을 일정 거리 내에서만 상쇄(사과는 땅으로 떨어지지만 지구는 태양 주변을 공전한다)시킬 수 있다는 점 때문에 우주 상수에서 나오는 척력은 꽤 특별하다. 어떻게 이것이 가능할까? 두 대상이 서로 멀어질 때 전자기력과 중력 끌림은 감소하지만, 우주 상수에서 나오는 척력은 물체 간 거리만큼 더 커진다. 행성 간 거리가 2배 더 멀어지면 척력은 2배 더 커지고, 10배 더 멀어지면 이 신비한 힘이 10배나 더 세게 밀어낸다는 뜻이므로…… 두 은하 간 거리가 아주 멀다면 우주 안에서 벌어진 거리만큼 센 힘으로 밀어내는 것이다.

태양계에서는 태양과 행성들 간 거리가 너무 짧아 이 효과가 가시적으로 드러나지 않았지만 1,000만 광년, 즉 10^{20}km 이상 떨어진

은하들의 경우에는 이 희한한 척력 덕분에 우리은하와 부딪쳐 붕괴하지 않는 것이다.

중력과 척력의 경쟁

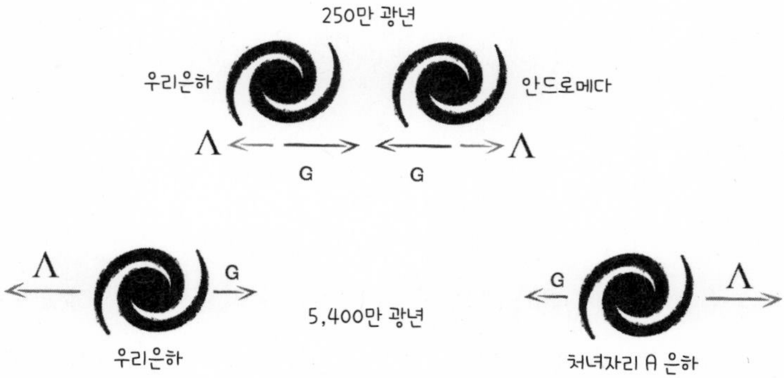

이웃하는 두 은하 간에 거리가 유지되는 것은 중력 끌림에서 비롯된 것이지만 우주 팽창에 의한 척력은 20배가량 더 먼 곳까지 영향을 미친다.

우리은하와 가까운 안드로메다은하에서는 중력 끌림이 우주 상수Λ와 관련된 척력보다 강해 안드로메다가 시속 43만 km로 우리에게 가까워지고 있다. 반면, 처녀자리 은하단에 있는 초거대 은하, 처녀자리 A는 우리와 5,400만 광년 이상 떨어져 있는데, 우리은하와 처녀자리 A의 거리가 너무 멀어 척력이 중력보다 우세해졌고, 그 결과 처녀자리 A는 우리은하로부터 시속 450만 km 이상으로 멀어지고 있다.

역설적이게도 우주 상수는 정적 우주Static universe라는 가정을 입증하기 위해 도입된 것이다. 1998년 3월 13일, 버클리 캘리포니아 대학교의 젊은 천문학자 애덤 리스Adam Riess가 「가속하는 우주와 우주 상수에 대해 초신성으로부터 얻은 관측 증거Observational evidence from supernovae for an accelerating Universe and a cosmological constant」라는 논문을 미국 천문학회에서 발간하는 『천문학 저널Astronomical Journal』에 제출함으로써 '기분 좋은 가설 단계'에서 '이론 정립' 단계로 넘어갔다.

우주가 팽창하는 것뿐 아니라 그 속도가 빨라지고 있다는 애덤 리스의 주장은 과학계에 엄청난 반향을 일으켰다. 그리고 몇 달 뒤에는 애덤 리스의 관측 결과를 입증하는 연구 팀들도 등장했다. 물론 이 주장이 이상하게 들릴 수는 있다. 지금껏 중력의 지배를 받아왔고, 중력 붕괴의 한 단계(잘 되어봐야 점진적 안정화)에 접어들 준비가 되었다고 여겨져온 우주가 60억 년 전부터 뚜렷한 이유 없이 팽창해왔으며, 심지어 그 속도가 다시 가속화되고 있다는 의미이기 때문이다. 이에 대해서는 우주의 규모가 너무 커서 우주 상수와 같은 척력이 작용했다는 설명만이 설득력을 가질 것이다. 그만큼 **암흑 에너지**라는 미지의 영역에 대한 연구가 더 활발히 이루어져야 한다는 의미이기도 하다.

$1cm^3$당 밀도가 일정하다는 암흑 에너지의 특성 때문에 암흑 에너지가 $1cm^3$씩 증가할 때마다 우주의 에너지 총량은 증가한다. 이

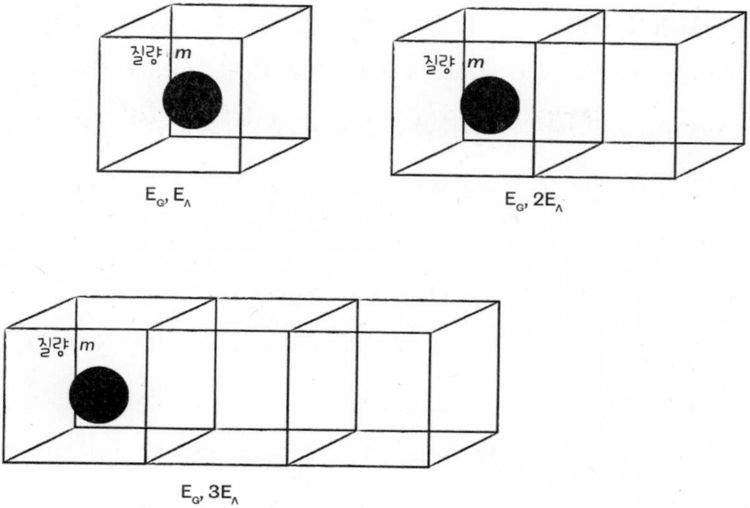

우주 상수$_\Lambda$의 예외적 반응(에너지 보존의 법칙상 예외)을 표현한 그림.
팽창하는 우주 내에서 물체의 질량 *m*에 비례하는 중력 에너지 E_G는 동일한 반면 에너지 E_Λ는 부피에 비례해 증가한다. 우주가 광대해질수록 이 에너지가 가지는 척력은 더 커진다.

때문에 암흑 에너지는 신성한 에너지 보존의 법칙을 역사상 최초로 거스른, 예외적인 존재가 되었다. 1장에서 살펴본 바와 같이 과학자들은 암흑 에너지의 존재를 여러 번 부정했다. 우리가 지금까지 생각해내지 못한 새로운 형태의 에너지라는 점이 표면적 이유였지만, 암흑 에너지는 방정식의 해로서 분명히 존재했다. 물론 나중에는 물리학자들도 암흑 에너지의 존재를 인정했다. 우주의 에너지는 보존되지 않으며, 우주 팽창으로 인해 에너지가 증가했다고 생각한 것이다. 그렇다면 왜 에너지는 보존되지 않았을까? 우리의 시공간은 고정된 것이 아니며, 시간 자체를 불변의 기준으로 삼을 때만 정해진 시간 내의 에너지 보존 법칙이 의미를 가지기 때문이다.

만약 이 상황이 지속된다면 우리 우주는 점점 더 빠른 속도로 무한대로 확장되고 은하 내의 밀도는 점점 낮아지며, 주변 은하들과의 거리도 점점 벌어질 것이다. 밤하늘에는 별빛 하나 없는 칠흑 같은 암흑이 가득하고, 망원경으로는 공허한 곳만 바라보게 될 것이다…….

정리하면, 태양계에 존재하는 별들의 움직임은 뉴턴 역학에 등장하는 힘으로, 은하와 은하단의 역학은 암흑 물질의 중력으로, 은하단 사이에서 작용하는 척력은 암흑 에너지로 설명할 수 있게 되었다. 우리 우주의 에너지 가운데 67%가 이 우주 상수의 지배를 받는다는 것은 최근 25년간 이룩한 수많은 천문학적 발견 가운데 가장 눈에 띄는 사실이다.

오늘날까지 활발히 진행되고 있는 또 다른 연구 분야는 시공간의 변형, 즉 블랙홀이라는 특별한 상황에서 중력이라는 개념이 정확히 어떻게 설명될 수 있는지 연구하는 것이다.

블랙홀에 비친 서광

1915년 12월 22일, 동부 전선. 나무르에 기상관측소 설립을 목적으로 전쟁 초반에 자원입대했던 프러시아의 천문학자 카를 슈바르츠실트Karl Schwarzschild는 포병대 중위로 진급한 지 얼마 안 되어 러시아와의 전선 한복판에 파병되었다. 포츠담 천체물리관측소 소장이라는 민간인 시절의 지위를 이용한다면 군 생활이 한결 편해질 수 있음을 모르지 않았지만, 정작 그는 어디로 파병되든 신경 쓰지 않았다. 좀 전에 일반 상대성 이론 방정식이 담긴 아인슈타인의 논문을 다 읽은 슈바르츠실트에게는 어떤 말도 귀에 들리지 않았기 때문이다.

논문에서 아인슈타인은 이 방정식을 태양 주위에서 정확히 적용할 수 없다는 것을 알고 **어림셈**으로 해를 찾았다. 방정식의 정확한 해를 찾기 위해 고군분투하는 수학자들과 달리 물리학자들은 근사치의 해를 먼저 찾는 실용적인 방법을 택하는 경우가 많았다. 여기서 근사치란 소소한 요인들은 차치하고 관측 결과만을 가지고 결론을 도출하는 것을 의미하는데, 뉴턴도 미적분 계산에 사용했을 만큼 물리학에서는 흔히 쓰는 방법이었다.

아인슈타인의 계산대로라면 수성은 태양과 거리가 가장 가까운 만큼 가장 많은 영향을 받기 때문에 태양 질량에 의한 시공간의 변형으로 인해 수성의 궤도에는 1세기 동안 43초각의 시차가 발생한다. 한마디로, 일반 상대성 이론을 통해 수성의 진짜 궤도를 파악하고, 르베리에가 풀고자 했던 수성의 세차 운동으로 인한 근일점 이동 문제(4장 참고)를 해결할 수 있게 된 것이다. 그러나 이 반쪽짜리 답에 만족하지 못한 카를 슈바르츠실트는 구형 대칭을 사용해 이 문제를 단순화하고, 아인슈타인 방정식의 **정확한** 해를 구했다.

물론 이 해를 물리적으로 해석하면 이상한 부분이 눈에 보인다. 태양의 모든 질량을 반경 3km 내로 모은다면 시간은 그 경계선에서 멈추고, 그 안의 공간은 시간을 초월해 시간이 무엇인지 정의조차 할 수 없는 상태가 될 것이다. 그렇다면 시간은 멈추었다가 거꾸로 흐르는 걸까? 저 지평선 너머에서는 무슨 일이 일어날까? 이에 대한 답은 그때나 지금이나 찾을 수 없다. 그해 12월 22일, 카를 슈바르츠실트는 베를린에 있는 아인슈타인 교수에게 보낸 편지에서 이와 같은 말로 끝을 맺었다. "아시다시피 전쟁이 제게 자비를 베푼 덕분에 지척에 떨어지는 집중포화 속에서도 저는 선생님의 이론에 푹 빠져 이곳을 거닐 수 있었습니다."

아인슈타인은 그 편지를 관심 있게 읽었다. 1916년 5월 11일, 카를 슈바르츠실트는 안타깝게도 러시아 전선에서 원인 미상의 질병에 걸려 사망했지만 그의 업적은 후대까지 전해졌고, *GR* 방정식의 해는 '슈바르츠실트의 해'로, 반경 3km로 압축된 태양 질량의 밀도는 '**슈바르츠실트의 블랙홀**'로 불렸다. 여러분도 이것이 18세기에 라플라스가 고전 역학이라는 틀 안에서 고안한 상상 속 대상의 '상대성 이론 버전'임을 알아챘을 것이다. 그 후로 몇십 년간 중성자별과 같은 고밀도 천체들이 관측되면서 그 존재는 확실히 입증되었다.

뉴턴의 물리학이 쌓은 업적 덕분에 르베리에가 해왕성을 발견한 것처럼, 한 명의 물리학자가 직접 관측도 하기 전에 일반 상대성 이론만을 가지고 별들의 존재를 예측했다는 점에서 카를 슈바르츠실트의 논문이 인류의 과학적 진보의 역사에서 얼마나 큰 의미를 지니는지 알아야 한다. 그리스 과학자들이 자연 현상을 초자연적 힘이 아닌 자연의 힘에 의한 것으로 해석해 과학적 사고의 토대를 마련한 이래 우리 인류는 보이지 않는 존재도 **예측**하게 되었다.

카를 슈바르츠실트가 아인슈타인 방정식의 해를 찾은 지 100년이 지난 2015년 9월 14일, 레이저 간섭계 중력파 관측소LIGO 연구진은 13억 광년 이상 떨어진 곳에서 태양 질량의 30배에 달하는 두 블랙홀이 융합하면서 발생한 중력파 관측에 성공했다. 그날 이들이 느꼈을 흥분은 실로 형언하기 어려울 것이다.

2019년 4월 사건의 지평선 망원경(지구 전역에 있는 전파 망원경을 총동원해 블랙홀 사건의 지평선을 촬영했다)으로 촬영한 자랑스러운 블랙홀 사진은 또 어떤가? 이 거대한, 가르강튀아 같은 물건이 지구로부터 5,500만 광년 떨어진 M87 은하의 중심을 지배하고 있는 것이다. 무게는 태양 질량의 60억 배, 길이는 380억 km에 달하니 정말 굉장한 크기가 아닐 수 없다. 우리가 이렇게 초대질량 블랙홀 대부분의 위치를 은하의 중심으로 예상하는 이유는 우리은하의 중심에도 거대한 궁수자리가 있어 가까이 있는 별들의 궤도 운동을 방해하기 때문이다.

이론 물리학자 로저 펜로즈Roger Penrose가 일반 상대성 이론으로부터 블랙홀의 이론적 가능성을 입증한 공로를 인정받고, 실험 물리

X선으로 촬영한 M87* 블랙홀의 모습.
뜨거운 가스가 분포한 원반형의 주변부로
'어렴풋한 테두리'가 나타나는데, 지평선 쪽으로 갈수록 그것이 흐려지고 있다.

학자 앤드리아 게즈Andrea Ghez와 라인하르트 겐첼Reinhard Genzel이 우리은하의 중심에서 초대질량 블랙홀을 발견한 공로로 노벨 물리학상을 받은 2020년에 이르러서야 비로소 블랙홀의 역사가 시작되었다.

중력파

블랙홀의 존재를 입증해줄 첫 번째 증거는 **중력파**다. 아인슈타인의 방정식에서도 언급된 이것은 2015년 두 블랙홀의 충돌 당시 LIGO 연구 팀이 감지한 바 있다.

그렇다면 중력파란 무엇인가? 시공간과 식탁보의 비유를 다시 떠올려보자. 팽팽하게 잡아당긴 식탁보에 공을 던지면 그로 인한 진동이 식탁보에 전달될 것이다. 이처럼 거대 질량 물체가 이동하면 주변에 있던 시공간의 곡률이 변하고, 중력 섭동이 일어나 빛의 속도로 방사상으로 퍼진다.

두 개의 블랙홀이 충돌했을 때 중력파가 여러 방향으로 분산되어 LIGO의 측정 장치에까지 닿았고, 그 덕분에 신호도 기록할 수 있었다. 거대 질량을 가지는 이 두 개의 블랙홀이 만들어내는 진동은 '들을' 수도 있기 때문에 어쩌면 신호를 들었다고 할 수도 있을 것이다. 상대 블랙홀을 찾거나 제자리를 돌다가 눈 깜짝할 사이(탱고를 추려는 블랙홀들 간에 생기는 찰나의 망설임) 붕괴하는 그 순간에 발생하는 진동[4] 말이다.

이렇게 중력파가 검출되면서 대규모 우주 관측의 새 시대가 열렸다. 사실 우리는 이미 광학 망원경의 성능을 발전시켜 별이 발산하는 빛을 관찰했고, 육안으로 식별할 수 없는 자외방사ultraviolet radiation와 전파를 포함한 전자기파 영역까지 찾아낸 바 있다. 이제는 **아이스큐브** 같은 중성미자 관측소 덕분에 우주 끝에서 오는 중성미자까지 관측할 수 있으며, LIGO의 활약으로 중력파를 검출하는 단계에까지 이르렀다.

우주 역사상 가장 특별한 사건의 전말을 밝히는 데는 이러한 설비들의 도움이 절실하다. 모든 것이 시작된 138억 년 전의 그 사건

회전하는 두 블랙홀 주변에서 시공간을 변형시키는 중력파의 모식도

말이다. 당시 거대한 폭발로 시공간은 변형되었고, 그 여파는 여러분이 책을 읽는 지금까지도 계속되고 있다. 대폭발 이후 38만 년 동안 빛이 물질에 갇혀 광학 망원경 앞에 놓인 불투명한 장애물에 지나지 않았을 때도 중력파는 모든 것을 관통해, 우리가 그곳에 닿을 수 있도록 해주었다. 이 같은 우주의 초창기 모습을 공부하다 보면 빛 하나 새어 나올 수 없는 거울의 방에 들어간 기분이 든다. 거울 이면에서 어떤 일이 일어나는지 상상도 못 한 채 거울에 비친 자신의 모습과 마주하는 거울의 방. 하지만 누군가 옆방에서 샴페인만 터뜨려줘도 우리는 눈이 아닌 귀로 상황을 파악('들어서' 알게 된 것이지만 결국 '보게' 될 테니 말이다)할 수 있다. 이제 우리가 시간의 경계를 탐험할 때 새로운 경로가 되어줄 중력파의 소리에 귀를 기울일 때가 온 것이다.

LIGO보다 더 섬세한 중력파 검출기를 만들면 지금보다 더 오래된 우주의 이야기들을 알아낼 수 있을 테고, 그것을 통해 우리는 초기 우주의 발자취를 찾아낼 수 있을 것이다. 이것이 바로 2032년에 발사 예정인 LISA(레이저 간섭계 우주 안테나) 프로젝트의 목표이기도 하다. 이 장치는 250km 길이의 우주선 세 대를 삼각 편대로 운영해 레이저를 주고받도록 설계한 것으로, 검출기를 탑재하고 있다.

빅뱅과 인플레이션

앞에서 언급한 대폭발이 바로 그 유명한 빅뱅이다. 강의를 듣는 학생들이나 지인들과의 식사 자리에서 '우주는 과연 무엇 안에서 팽창하고 있는가?' 또는 '빅뱅 이전에는 무엇이 존재했는가?' 하는 질문이 나오는 것을 보면 이제는 빅뱅에 관한 지식이 많이 보편화된 것 같다.

그만큼 이 두 질문에 대해서는 열과 성을 다해 답해보겠다. 첫 번째 질문은 팽창의 개념을 잘못 이해해서 생긴다. 우주는 어떤 것 안에서 커지는 것이 아니라 그냥 팽창하는 것이다. 우주를 무한한 크기를 가진, 고무풍선의 표면이라고 가정해보자. 무한대는 수학적으로 2배를 해도…… 똑같이 무한대이고, 무한대 곱하기 무한대를 해도 여전히 무한대다. 이러한 사고는 무한대가 갖는 역설적인 성질로

무한 호텔의 역설

여러분이 무한개의 객실이 있는 호텔의 주인이며, 운이 좋아 만실이 되었다고 가정해보자. 손님 한 명이 와서 빈방이 있느냐고 묻는다. 꽉 찬 객실의 투숙객을 내쫓지 않고 이 손님을 묵게 할 방법이 있을까? 방법은 간단하다. 1번 방의 투숙객에게는 2번 방으로, 2번 방의 투숙객에게는 3번 방으로 옮겨달라는…… 식으로 모든 방에 요구하면 된다. 1번 방만 비면 모두가 만족할 수 있는 것이다.

이제는 무한한 손님이 탄 차의 탑승객을 어떻게 투숙시킬 것인지 상상해보자. 현재 투숙객에게는 불편을 초래하지 않으면서 어떻게 새로 온 무한한 손님을 만족시킬 것인가? 당연히 좀 전에 쓴 방법은 통하지 않는다. 투숙객 모두를 무한 번 이동하게 하면 이들은 결국 화를 낼 것이다. 하지만 방법이 있다. 현재 투숙객은 홀수 방(2호실 투숙객은 3호실로, 3호실 투숙객은 5호실로, 4호실 투숙객은 7호실로 옮기는 식)으로 옮기고 짝수 방에 새로운 투숙객을 받으면 된다. 다시 말해, 무한개의 객실이 있는 호텔은 만실이 되어도 역설적으로 새로운 무한 명의 투숙객을 맞을 수 있다.

도 이어진다(위 글 상자 참고).

다시 고무풍선 이야기로 돌아와서, 그것을 잡아당기면 $1cm^3$당 면적, 즉 표면에 존재하는 모든 점 사이의 간격이 벌어질 것이다. 이 표면에 있던 관찰자는 주변에 있던 모든 것이 자신에게서 멀어지는 모습을 보면서 자신이 세상의 중심에 있으며, 우주는 지금 무언가의 안에서 커지고 있다고 믿을 것이다. 하지만 우주는 그냥 당겨질 뿐이다. 따라서 고무풍선의 표면에 있던 모든 이가 세계의 중심에 있다고 생각하는 것은 그저 묘한 느낌에 지나지 않는 것이다.

역할을 바꿔 이렇게 상상해보자. 여러분이 팽창하는 우주에 있는 것이 아니라 여러분 자신이 작아진다고. 그러면 주변에 있던 모든 것이 나에게서 멀어지고 모든 물리학 법칙은 그대로 적용될 것이다. 한마디로, 팽창하는 우주에 있는 것과 같은 경험을 하게 될 것이다. 물리적 측면에서는 이 두 가지 상황을 완벽히 구분하는 것이 불가능하다. 따라서 실제로는 우주가 움직이지 않음에도 불구하고 팽창한다는 **착각**에 빠져 '무엇 안에서 커지고 있는지' 의문을 갖게 될 것이다. 여러분이 어디에서 작아지고 있는지만큼이나 우주가 어디에서 커지고 있는지 묻는 것은 잘못된 것이다. 두 질문 모두의 답은 우주 자신이다.

빅뱅 **이전의** 상황을 묻는 이들에게 '이것은 마치 북극의 북쪽에 무엇이 있는지 궁금해하는 것이나 마찬가지'라는 식으로 모호하게 설명하는 학자들도 보았다. 하지만 내 생각에 이 비유는 문제에 대한 답을 제시하는 것이 아니라 그저 회피하는 것 같다. 일각에서는 우주가 마치 심장 박동처럼 수축과 팽창을 무한히 반복한다는 빅 바운스Big bounce 가설을 제시하기도 한다. 이런 류의 이론들은 빅뱅 이전에 우주가 수축기에 있었으며, 일정한 밀도에 다다랐을 때 거대한 압력에 의해 원 상태로 돌아오게 된다고 주장한다. 한마디로 우주가 팽창기에 들어서게 된다는 뜻이다.

그러나 대부분의 인플레이션 이론 내에서 빅뱅 이전의 우주는 진공 상태의 무한한 공간으로 그려진다. 그러다가 138억 년 전에 이르렀을 때, 우주의 일부가 인플라톤inflaton이라 불리는 균일한 장에 의해 잠식되었고, 인플라톤의 에너지가 작용하며 급속도(10^{-32}초도 안 되어)로 팽창을 일으켰다. 암흑 에너지와 매우 유사한 척력이 발생한 것이다. 그 후로 인플라톤은 붕괴되어 입자 안개가 되고, 상호작용을 하다가 가열되기에 이른다.

인플레이션 이후 단계는 **재가열 이론**reheating theory으로 설명할 수 있다. 몇 분 뒤 초기 핵이 생성되면서 우주의 온도와 밀도는 매우 높아졌고, 그 후로 수십만 년 동안 에너지는 대부분 복사radiation 형태를 띠었다. 그러다가 우주의 온도가 낮아짐에 따라 전자들이 핵과 결합해 원자를 형성했다. 빅뱅이 끝나고 약 38만 년이 지났을 때 우주는 물질과 복사의 관계를 끊을 수 있을 만큼 밀도가 낮아졌고, 자유로워진 광자들이 여기저기로 분산되면서 빛도 분산되기에 이르렀다. (**빛이 있으라!**) 그러니 오늘날 우리를 우주의 경계선까지 데려다준 것은 바로 '우주가 폭발할 때 방출된 전자파'인 우주 배경 복사Cosmic Microwave Background Radiation라고 할 수 있다. 그것의 스펙트럼 분석을 보면 빅뱅 이후 오늘날까지 온도 변화뿐 아니라 태초에 존재했던 물질의 양까지 알 수 있기 때문이다.

빅뱅이 일어나고 10억 년이 채 안 되는 시간 동안 최초의 은하들이 형성되었다. 이들은 주변보다 밀도 높은 가스가 결집되어 있는 곳에서 만들어졌으며, 주변의 가스를 중력으로 끌어당겼다. 이러한 밀도의 변화는 우주 초기에 아원자 상태에서 만들어진 양자의 변화가 반영된 것이다. 그 후 인플레이션을 통해 양자는 우주 곳곳으로 분산되었고, 거기서부터 약 50억 년 전에 우리가 살고 있는 이곳을 비롯한 행성과 행성계가 만들어진 것이다.

바로 여기까지가 현재 우리에게 알려진 부분이며, 이는 아원자 세계와 일반 상대성 이론의 세계를 아우르는 주제인만큼 이론 물리학 가운데 가장 활발히 연구되고 있는 분야 가운데 하나다. 구체적인 실험적 증거들은 LISA와 같은 중력파 감지기로부터 얻을 수 있을 것이다. 최근에 나온 이론들을 보면 **원시** 블랙홀이 만들어진 것은 우주 초기이며, 이것이 소멸되면서 암흑 물질을 만들었을 수 있다는 주장이 포함되어 있다. 또한 시공간의 기하학이 암흑 물질과 암흑 에너지의 미스터리를 동시에 풀 수 있는, 질량이 큰 새로운 입자들의 기원일 수 있다는 이론도 존재한다.

이렇게 밝혀지지 않은 비밀이 많으니 21세기를 사는 우리에게는 아직 놀랄 일이 남아 있는 셈이다. 이제 이것을 밝혀내는 것은 우리, 물리학자들의 몫이다.

에필로그

사과에서 별까지

뉴턴은 광학에서 운동물리학, 중력에서 화학에 이르는 동시대 과학의 거의 모든 분야에서 선구자적 발자취를 남겼다. 기본 법칙들을 이용해 통합된 방법으로 자연 현상들을 풀어내고, 수학이라는 보편적 언어로 표현해냈기 때문이다.

그러나 그에게도 어두운 시절은 있었다. 1696년 3월, 우울증(편집증에 얽힌 에피소드[1]가 심심찮게 나온다)에 걸린 뉴턴은 답답한 케임브리지 대학교에서 벗어나 런던에 있는 왕실 조폐국 국장 자리로 옮긴다. 고독하게 방황하며 사색에 잠겨 있던 날들을 뒤로하고 그는 쉰두 살에 이곳에서 제2의 인생을 시작한다. 그러다가 정치에 참여하기까지 했으며, 1699년에는 왕립학회 회원으로 가입해 4년 후 회장 자리에 오른다. 『광학』을 집필한 것이 바로 이 시기였다.

런던으로 돌아온 뉴턴은 조금씩 기억력을 잃어가고 있었다. 왕립학회에서 마지막 회의를 주재한 뒤 켄싱턴에 와 있던 그는 1727년 3월 31일 숨을 거뒀다. 국장으로 치러진 그의 장례식에는 볼테르까지 참석했으며, 여섯 명의 공작과 백작이 그의 시신을 운구했다. 그의 묘지는 웨스트민스터 사원 내 켈빈 경(윌리엄 톰슨), 스티븐 호킹 Stephen Hawking, 조지프 존 톰슨, 어니스트 러더퍼드와 같은 저명한 과학자들에게 둘러싸여 있다.

뉴턴은 한 명의 천재가 수학이라는 언어를 통해 자연의 법칙을 이해하고 표현할 수 있음을 보여준 좋은 선례를 남겼다. 선인들의 업적을 토대로 중력의 법칙과 만유인력의 법칙(사과의 낙하에서부터 행성의 운동까지 모두 적용되는)이라는 역작으로 미적분 계산법의 기반을 닦고, 백색광의 구성 요소를 파악했으며, 에너지와 힘의 개념을 적용해 광학 현상들을 풀어내기도 했다. 그는 일생을 바쳐 세상의 비밀을 파헤쳤고, 맥스웰에서 아인슈타인에 이르는 후학들을 위해 견고한 과학의 기틀을 마련했다.

그러나 그가 후대에 남긴 유물은 더 위대했다. 바로 은하 운동의 특이점을 발견하고 우주 물질의 90% 이상을 차지하는 보이지 않는 **암흑 물질**의 존재를 가설로서 제시한 점이다. 오늘날 과학자들이 제논, LZ, 판다엑스를 통해 암흑 물질을 검출하기 위해 바람직한 경쟁을 하고 있는 것도 모두 그의 덕분이다.

한편, 중력의 특성을 이해하는 것은 21세기에도 여전히 관건으로 남아 있다. 2015년에 중력파가 발견됨으로써 분광학의 새로운 분야가 열려, 하늘을 새로운 관점으로 바라보는 것은 물론, 태초 우주의 모습을 경험할 수 있게 되었다. 2033년 발사 예정인 우주 프로젝트, LISA나 2035년으로 예정된 아인슈타인 망원경Einstein Telescope은 지금까지와 차원이 다른 정확도로 우주에 분포하는 중력파를 검출하고, 그 모습을 지도로 만들 것이다.

> « 자연과 자연의 법칙은 어둠 속에 숨겨져 있었네. 신이 말하길 '뉴턴이 있으라!' 그러자 모든 것이 광명이었으니. »
>
> 알렉산더 포프 Alexander Pope, 영국의 시인

동시에 CERN에서 진행하는 GBAR, ALPHA-g, AEgIS 같은 실험을 통해 물질과 반물질이 뉴턴의 중력 법칙에 부합하는지 여부를 알아낼 수 있을 것이다. 수소 원자와 반수소 원자가 지상의 중력장에서 보이는 미세한 반응의 차이가 이 현상에 대한 개념을 완전히 바꿀 수도 있다. 네 가지 기본 힘을 통합적으로 설명하기까지는 아직 할 일이 많이 남아 있다. 이론적인 면에서는 여러 연구(끈 이론과 루프 양자 중력 이론을 필두로)를 통해 중력과 핵력, 전자기력을 통일하려는 시도가 끊이지 않고 있다.

실험 면에서는 CERN의 주도하에 제작하는 100km에 달하는 터널 미래형 원형 충돌기Future Circular Collider, FCC 덕분에 2040년에 새로운 연구의 장이 열릴 것이다. 이 프로젝트는 새로운 기본 힘이 아

주 작은 상호작용 형태로 숨어 있지 않은지 파악하기 위한 목적으로 시작되었다. 특성이 알려지지 않은 암흑 에너지라는 척력을 파악하기 위해 전 세계에서 300명이 넘는 물리학자가 '암흑 에너지 조사 프로그램'을 통해 우주의 후미진 곳까지 추적하고 있다. 우리가 사는 우주를 지배하는 힘을 이해하기 위한 연구는 겨우 시작에 불과하다.

뉴턴과 함께 이 여정의 끝에 다다랐으니, 이제 우리는 한 발짝 뒤로 물러서도 되겠다. 운 좋게도 우리는 우주의 먼 기원(에너지가 분출되면서 대환란의 세계가 탄생한)에 대해 알게 되었고, 우주가 맞닥뜨릴 큰 운명의 길들을 미리 살펴보았다. 이제 다음 세대 물리학자들이 뉴턴과 그의 추종자들의 어깨에 올라 우리를 둘러싼 세상에 대해 새로운 사실들을 발견해줄 차례다.

연대표

어느덧 이 여행의 종착지에 이르렀다. 몇 세기에 걸친 여정 동안 오늘날 물리학계의 큰 화두를 훑은 셈이다. 이제 이 연대표를 보며 여행자에게 도움이 될 만한 몇 가지 시간적 지표(당시 물리학에 관한 정보를 총망라할 생각은 없다)를 짚어보자.

기원전 600년경: 탈레스Thales가 자연 현상을 지배하는 법칙이 존재한다고 주장했다.

기원전 580년경: 아낙시만드로스Anaximandros가 지구가 공중에 떠 있다고 생각해, 세상의 이치를 탐구했다.

기원전 350년경: 아리스토텔레스Aristoteles가 지구가 우주의 중심이라고 생각하며, 이 둥근 지구 위에서 물체가 낙하하는 것을 아래로 향하려는 '자연스러운 경향'으로 이해했다.

기원전 360년경: 헤라클리데스Heraclídes가 낮과 밤이 생기는 것은 지구가 자전하기 때문이라고 설명했다.

기원전 250년경: 아리스타코스Aristarchos가 지동설을 주장했다.

기원전 240년경: 아르키메데스Archimedes가 액체에서의 부력을 연구했다.

기원전 230년경: 에라토스테네스Eratosthenes가 지구의 반지름을 측정했다.

기원후 150년경: 프톨레마이오스Ptolemaeos가 천동설을 주장했다.

1510년: 니콜라우스 코페르니쿠스Nicolaus Copernicus가 지동설을 주장했다.

1589년: 갈릴레오 갈릴레이Galileo Galilei가 물체의 낙하를 다룬 그의 첫 번째 역학 책, 『운동에 관하여De motu』를 집필했다.

1604년: 갈릴레이가 자유 낙하 물체가 등가속 운동을 한다는 사실을 발견했다.

1609년: 요하네스 케플러Johannes Kepler가 행성의 운동에 대한 세 가지 운동 법칙을 제시했다.

1610년: 갈릴레이가 천체 망원경으로 목성의 위성들을 관찰했다.

1637년: 르네 데카르트René Descartes가 계면interface을 통과하면서 빛이 반사하거나 굴절하는 법칙에 대해 발표했다.

1638년: 갈릴레이가 진자 운동 속도의 일정함에 대해 설명했다.

1644년: 데카르트가 『철학의 원리Principia Philosophiae』를 통해 우주는 질량을 가진 물체 주위를 소용돌이처럼 맴도는 작은 입자들로 채워져 있다고 생각했다.

1665년: 아이작 뉴턴Isaac New이 빛의 구성 요소에 관한 실험을 시작했다.

1666년: 뉴턴이 만유인력의 법칙을 확립했다.

1672년: 뉴턴이 백색광이 여러 색깔의 단색광들로 구성되어 있다고 주장했다.

1678년: 크리스티안 하위헌스Christian Huygens가 『빛에 대한 논고Traité de la lumière』를 집필해 빛의 전파에 대해 설명했다.

1684년: 고트프리트 라이프니츠Gottfried Leibniz가 미적분학의 시초라 할 수 있는 책을 출간하고, 뉴턴이 행성들이 태양 주위를 타원형 궤도로 돌고 있다는 사실을 입증했다.

1687년: 뉴턴이 『자연철학의 수학적 원리Philosophiae Naturalis Principia Mathematica』를 출간했다.

1704년: 뉴턴이 프리즘을 통한 빛의 분해와 무지개의 생성 원리를 다룬 『광학Opticks』을 출간했다.

1738년: 다니엘 베르누이Daniel Bernoulli가 유체의 위치 에너지와 운동 에너지의 합은 항상 일정하며, 유체의 흐름이 빠른 곳의 압력은 유체의 흐름이 느린 곳의 압력보다 작아진다는 이론을 설명했다.

1772년: 앙투안 라부아지에Antoine Lavoisier가 화학 반응이 일어날 때 반응 전 물질의 총질량과 반응 후 생성된 물질의 총질량이 같다는 질량 보존의 법칙을 발표했다.

1796년: 피에르 시몽 드 라플라스Pierre Simon de Laplace가 저서 『세계체계설명론Exposition du système du monde』을 통해 검은 별의 존재를 제시했다.

1798년: 벤저민 톰프슨Benjamin Thompson이 열에 관한 견해를 밝혔다.

1801년: 토머스 영Thomas Young이 두 개의 슬릿을 통과한 빛다발이 어떻게 회절하는지 관찰했다.

1818년: 오귀스탱 프레넬Augustin Fresnel이 빛의 회절에 관한 논문을 통해 빛의 파동설을 정립했다.

1820년: 한스 크리스티안 외르스테드Hans Christian Øersted가 전류가 나침반을 움직이게 한다는 사실을 발견했다.

1821년: 마이클 패러데이Michael Faraday가 자력선에 관한 실험을 진행하고 최초의 발전기를 만들어냈다.

1831년: 패러데이가 전자기 유도 현상을 발견했다.

1839년: 에드몽 베크렐Edmond Becquerel이 일부 전도체를 빛에 노출시키면 전류가 발생한다는 사실을 발견했다.

1843년: 제임스 프레스콧 줄James Prescott Joule이 열과 일의 등가성을 기반으로 열역학의 기초를 정립했다.

1846년: 위르뱅 르베리에Urbain Leverrier가 밝혀낸 해왕성의 존재를 요한 고트프리트 갈레Johann Gottfried Galle가 실제로 관측했다.

1847년: 헤르만 폰 헬름홀츠Hermann von Helmholtz가 에너지 보존에 관한 논문을 발표했다.

1850년: 루돌프 클라우지우스Rudolf Clausius가 열역학 제2법칙을 담은 논문을 발표했다.

1854년: 베른하르트 리만Bernhard Riemann이 일반 상대성 이론의 기틀이 되는 기하학을 정립했다.

1859년: 로베르트 분젠Robert Bunsen과 구스타프 키르히호프Gustav Kirchhoff가 분석화학의 한 분야인 분광학을 개발했다.

1860년: 위르뱅 르베리에가 뉴턴 역학이나 알려진 다른 행성들의 섭동으로는 설명될 수 없는 수성의 세차 운동을 최초로 보고했다.

1865년: 제임스 클러크 맥스웰James Clerk Maxwell이 전기 현상과 빛의 관계를 연구해 에테르의 존재를 가정했다.

1872년: 루트비히 볼츠만Ludwig Boltzmann이 기체 분자 운동론에 수학적 토대를 세워 선현들의 연구 업적을 대중화했다.

1875년: 맥스웰이 전자기론을 발표했다.

1887년: 하인리히 헤르츠Heinrich Hertz가 실험을 통해 맥스웰의 이론을 검증하고, 헤르츠파의 존재와 광전 효과를 발견했다. 앨버트 마이컬슨Albert Michelson과 에드워드 몰리Edward Morley가 에테르의 존재를 증명하는 데 실패했다.

1889년: 앙리 푸앵카레Henri Poincaré가 3체 문제를 연구해 카오스 이론의 개념을 정립하기 시작했다.

1895년: 빌헬름 뢴트겐Wilhem Röntgen이 X선을 발견했다.

1897년: 조지프 존 톰슨Joseph John Thomson이 전자를 발견했다.

1900년: 가열된 물체의 열복사에 관한 막스 플랑크Max Planck의 연구 업적에 힘입어 양자론이 탄생했다.

1901년: 어니스트 러더퍼드Ernest Rutherford가 토륨의 에머네이션을 발견했다.

1903년: 피에르 퀴리Pierre Curie와 마리 퀴리Marie Curie 부부, 앙리 베크렐Henri Becquerel이 방사능 연구 업적을 인정받아 노벨 물리학상을 공동 수상했다.

1905년: 알베르트 아인슈타인Albert Einstein이 빛 입자의 존재를 가정하고 광전 효과를 설명했다. $E = mc^2$라는 공식이 들어간 특수 상대성 이론을 발표했다.

1911년: 어니스트 러더퍼드가 '행성형' 원자 모델을 제안했다.

1913년: 로버트 밀리컨Robert Millikan이 전자의 기본 전하를 측정하고, 닐스 보어Niels Bohr가 최초의 양자역학적 원자 구조 모델을 제시했다.

1915년: 알베르트 아인슈타인의 일반 상대성 이론이 발표되어 중력의 개념이 완전히 재해석되었다.

1916년: 카를 슈바르츠실트Karl Schawarzschild가 블랙홀의 존재를 예견했다.

1917년: 알베르트 아인슈타인이 일반 상대성 이론 방정식에 우주 상수항을 추가했다.

1918년: 에미 뇌터Emmy Noether의 정리를 통해 물리학의 보존 법칙이 대칭성에서 온 것임이 증명되었다.

1919년: 아서 에딩턴Arthur Eddington이 질량을 가진 물체에 의해 빛이 휘어진다는 사실을 증명하면서 아인슈타인의 이론을 다시 한번 입증했다.

1924년: 루이 드브로이Louis de Broglie가 입자도 파동적 성질을 갖는다는 의미의 물질의 입자-파동 이중성 개념에 결정적 영향을 주었다.

1925년: 에르빈 슈뢰딩거Erwin Schrödinger가 입자의 진화를 나타낸 슈뢰딩거 방정식을 발견했다.

1927년: 조르주 르메트르Georges Lemaître가 아인슈타인의 일반 상대성 이론에 기반해 우주가 팽창한다는 가설을 제시했다.

1929년: 에드윈 허블Edwin Hubble이 우주가 팽창한다는 사실을 증명했다.

1930년: 볼프강 파울리Wolfgang Pauli가 중성미자의 존재를 가설로 내세웠다.

1933년: 프리츠 츠비키Fritz Zwicky가 은하 사이에 보이지 않는 물질의 존재를 가정했다.

1938년: 오토 한Otto Hahn과 리제 마이트너Lise Meitner가 핵분열 현상을 확인했다.

1942년: 맨해튼 프로젝트의 일환으로 시카고에 최초의 원자로가 건설되었다.

1945년: 맨해튼 프로젝트를 통해 최초의 원자폭탄이 조립되고, 테스트까지 성공적으로 마무리되었다.

1955년: 최초의 세슘 원자시계가 만들어졌다.

1956년: 클라이드 카원Clyde Cowan과 프레더릭 레이네스Frederick Reynes가 중성미자를 발견했다.

1957년: 휴 에버렛Hugh Everett이 다세계 해석을 이용해 슈뢰딩거의 고양이 실험을 설명했다.

1965년: 아노 펜지어스Arno Penzias와 로버트 윌슨Robert Wilson이 우주 배경 복사를 발견했다.

1967년: 셸던 글래쇼Sheldon Glashow와 압두스 살람Abdus Salam, 스티븐 와인버그Steven Weinberg가 전자기력과 약력을 통합하는 이론을 발표했다.

1969년: 베라 루빈Vera Rubin과 윌리엄 포드William Ford가 은하 외곽에 있는 암흑 물질의 존재를 입증했다.

1970년: 실험을 통해 쿼크의 존재가 입증되고, 입자물리학의 표준 모형이 공식화되었다.

1974년: 셸던 글래쇼와 하워드 조자이Howard Georgi가 전자기력과 약력, 강력까지 3종의 힘을 통일하는 대통일 이론을 제안했다.

1979년: 최초로 중력 렌즈 효과가 관찰되었다.

1983년: W와 Z보손이 발견되었다.

1998년: 솔 펄머터Saul Perlmutter, 브라이언 슈미트Brian Schmidt, 애덤 리스Adam Riess 가 우주의 가속 팽창을 증명해냈다.

2012년: 유럽입자물리연구소CERN가 힉스의 보손을 발견했다.

2015년: 레이저 간섭계 중력파 관측소LIGO가 중력파를 발견했다.

2018년: 광속을 이용해 빛이 진공에서 2억 9,979만 2,458분의 1초 동안 이동한 거리를 1m로 정했다.

2019년: 사건의 지평선 망원경이 최초로 블랙홀의 이미지를 촬영했다.

2020년: 로저 펜로즈Roger Penrose가 블랙홀의 예측 및 관측에 성공한 공로로 노벨 물리학상을 수상했다.

주

제1장 에너지의 특성

1 이 진자가 뉴턴이 말하는 법칙을 완벽하게 표현해주는 것은 맞지만, 이것으로 인해 뉴턴의 법칙이 탄생했다고 보는 것은 무리다. 오히려 1662년부터 네덜란드 과학자 크리스티안 하위헌스가 설명한 부분을 보면 그 기원을 찾게 된다.

2 엄밀히 말하면, 과일과 땅이 변형되면서 에너지의 일부가 흩어지기도 한다.

3 우라늄235 1g이 분열할 때 730억 줄(J)이 생성되는데, 이는 석유 1.6톤을 연소시켰을 때 얻을 수 있는 에너지와 같다.

제2장 뉴턴의 운동 법칙

1 더 나아가 팽창하는 우주 속에 가만히 서 있는 관찰자가 속한 공간 자체를 의미하기도 한다.

2 별들이 완벽히 고정되어 있다고 볼 수는 없다. 5장에서 보겠지만 1929년, 천문학자 에드윈 허블은 우리 우주가 팽창하고 있으며, 별들이 지구로부터 멀어지고 있다는 사실을 보여주었다.

3 은하는 별과 가스, 먼지들이 모인 광활한 체계다. 그 가운데 우리은하는 나선형으로 되어 있다. 마치 그 팔로 무언가를 휘감는 것 같은 모양을 하고 있으며, 이 부분의 지름은 1조 km 이상이다.

4 힘의 단위를 N(뉴턴)이라고 부르는데, 1N은 1kg의 물체를 1m/s^{2}으로 가속시킬 때 드는 힘을 의미한다.

5 로버트 밀리컨은 기름방울의 낙하 속도를 측정했으나 정확하게 힘의 균형을 이

루어 안정된 상태에 이르지 못해 유체 마찰력(공기 중에서 물방울이 받는 아르키메데스의 부력까지 고려)에 대한 지식을 동원해 힘의 총합을 구했다.

6 사실 이 법칙은 아주 작은 진동에서만 정확하게 적용할 수 있다. 그러나 공기 마찰에도 불구하고 일반적인 상황에서 입증되었다.

7 4장에서 보겠지만 중력 가속도의 정확한 공식은 $h = \frac{1}{2}gt^2$과 $g = 9.81\text{m/s}^2$이다.

제3장 빛이 있으라

1 자료를 분석하는 과정에서 발생한 실수일 가능성이 있어 포스핀 분자가 검출되었다는 발표는 아직 사실 확인 중이다.

2 물론 진공 상태에서는 소리가 전파되지 않기 때문에 속도도 없다.

3 금속같이 단단한 매질을 만난 소리는 아주 빠른 속도(초당 수 km 정도)로 전파된다. 그렇기 때문에 소리를 공기보다 훨씬 빨리 전달하는 철로에 귀를 대보면 기차의 도착 여부를 예상할 수 있는 것이다(서부 인디언들이 쓰던 방법).

4 전자는 조지프 존 톰슨이 1897년에 발견했다(50쪽 참고).

5 물론 해당 매질에서 파원이 파장의 전파 속도를 능가하는 경우에는 전파 벽이 생기기 때문에 제외한다. 비행기가 초속 344m(시속 1,230km에 해당. 마하 1, 즉 음속)를 돌파할 때 소리의 벽을 넘는 순간 그 유명한 '쾅' 소리가 들리는 것이다.

제4장 중력 이야기

1 사고의 단순화를 위해 공기 마찰은 계산에 고려하지 않았다.

2 월상月相을 관찰한 결과다.

3 윌리엄 스터클리William Stukeley의 증언에 따르면 1726년(당시 뉴턴 83세), 그와의 저녁 식사가 끝나고 집 앞 마당에 있는 사과나무 앞에서 뉴턴이 땅으로 떨어지는 사과를 예로 들어 중력 현상을 설명했다고 한다.

4 아인슈타인의 상대성 이론으로 예측된 블랙홀이나 중성자별과 같은 이례적인 대상은 예외로 한다. 이에 대해서는 추후 다시 논의하도록 한다.

5 태양계를 인간의 크기로 축소시킨다면 지구와 달의 거리는 머리카락 굵기만큼도 안 되는 5μm(마이크로미터), 즉 5/1000mm가 된다.

6 두 탐사대의 관측 결과가 미세하게 다르기 때문에 좀 더 정확히 말하자면 1.61에서 1.98 사이라고 볼 수 있다.

제5장 오늘날의 뉴턴

1 20세기 초에 이르러 천문학자들이 은하의 구조를 예측했으니, 당시 뉴턴이 은하에 대해서 모르는 것은 당연했다.

2 광년이란 별들 간 거리를 나타낼 때 미터법보다 더 편리하게 쓸 수 있는 단위로 9조 5,000억 km에 해당하며, 빛이 진공 상태에서 1년간 지나간 거리를 의미한다.

3 GeV는 에너지의 단위이며 입자물리학 연구자들이 자주 사용하는 질량 단위이기도 하다(에너지와 질량은 $E = mc^2$이라는 공식에 따라 변환된다). 1GeV는 양성자 1개의 질량에 해당한다.

4 이 진귀한 소리는 LIGO의 웹 사이트에서 들을 수 있으며, 유튜브 채널에서도 영상을 시청할 수 있다. https://youtu.be/QyDcTbR-kEA.

에필로그-사과에서 별까지

1 이는 1693년 4개월에 걸쳐 지속되었는데, 당시 연금술에 푹 빠져 있던 뉴턴이 실험에 자주 사용한 재료가 수은이었다는 점으로 미루어보아 수은 중독에 의한 것으로 추정된다.

심도 있는 독서를 위한 추천 도서

글릭, 제임스Gleick, James, *Isaac Newton, Un destin fabuleux*, Dunod, 2005.

뉴턴, 아이작(샤틀레 부인의 번역본), *Principia, Principes mathématiques de la philosophie naturelle*, Dunod, 2011.

바르텔레미, 조르주Barthélémy, Georges, *Newton, mécanicien du cosmos*, Vrin, 1992.

블레, 미셸Blay, Michel, *Les figures de l'arc-en-ciel*, Belin, 2005.

_______, *Les《Principia》de Newton*, Dunod, 2017.

싱, 사이먼Singh, Simon, *Le roman du Big Bang, la plus importante découverte scientifique de tous les temps*, Hachette, 2011.

오프레이, 장폴Auffray, Jean-Paul, *Newton ou le Triomphe de l'alchimie*, Le Pommier, 2000.

와인버그, 스티븐Weinberg, Steven, *Les trois premières minutes de l'univers*, Seuil, 1988(『최초의 3분: 우주의 기원에 관한 현대적 견해』, 양문출판사, 2005).

_______, *To Explain the World: The Discovery of Modern Science*, Harper, 2015(『스티븐 와인버그의 세상을 설명하는 과학』, 시공사, 2016).

웨스트폴, 리처드 S.Westfall, Richard S., *Isaac Newton*, Flammarion, 1994(『아이작 뉴턴 Never at Rest: A Biography of Isaac Newton』, 알마, 2016).

콜브, 에드워드Kolb, Edward & 마이클 S. 터너Michael S. Turner, *The Early Universe*, Westview Press, 1994.

"Newton, L'horloger du monde, collection Les génies de la science", *Pour la Science* no 7, 2003.

찾아보기

ㅂ

ㅅ

ㅇ

ㅈ

ㅊ

ㅎ

기타

가볍게 꺼내 읽는 뉴턴
우리가 미처 몰랐던 물리학

초판 인쇄 | 2024년 2월 5일
초판 발행 | 2024년 2월 10일

지은이 | 얀 맘브리니
옮긴이 | 김옥진
감수자 | 박기성
펴낸이 | 조승식
펴낸곳 | (주)도서출판 북스힐
등록 | 1998년 7월 28일 제22-457호
주소 | 01043 서울시 강북구 한천로 153길 17
전화 | 02-994-0071
팩스 | 02-994-0073
인스타그램 | @bookshill_official
블로그 | blog.naver.com/booksgogo
이메일 | bookshill@bookshill.com

ISBN 979-11-5971-551-8
정가 15,000원